Resonant Stories of Food

Resonant Stories
of Food

島嶼回味集

Resonant Stories of Food

謝仕淵

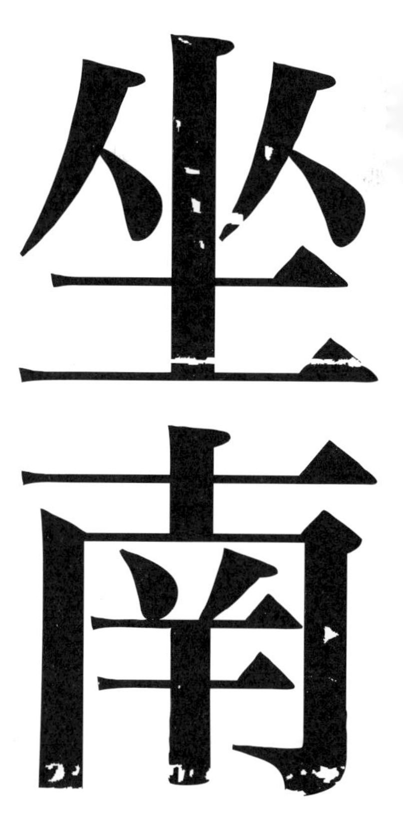

朝海

《坐南朝海——島嶼回味集》自序

這本書是累積了七年而成的食記。我生活於臺南，「坐南」就是站在臺南的土地上，品嚐與書寫生活的日常滋味。此外，七年來超過五十趟以上的金門、馬祖與澎湖的旅程，累積了許多島嶼風土與人文的味覺體驗，「朝海」而寫，於是成為另一個主軸。

《坐南朝海——島嶼回味集》是對南部與島嶼的食記書寫，但也提供了一種生活視角，看見那些不那麼被翻桌率、致力於標榜品味、如魔術般的烹飪技法、甚或獵求奇珍異材等價值影響的飲食生活。假設美食真有個標準，書裡面寫的食物，我甚至無法保證樣樣好吃，但一定飽含人生滋味以及可索引的文化紋理。

連同《府城一味》，有意識的吃了十幾年的飯，動筆寫下，也已經六、七年，以為自己所做的是工作之餘的調劑，但銳利的同行則說這是地方史以及生命史，我才猛然意識，那些對於時間脈絡、空間認識、人際之間或者飲食生意構造的觀察，都來自於職業訓練的種種技能，因此味道的品嚐之外，還有人群之間、人地之間構成的料理世界。從此標準來看，由《府城一味》到《坐南朝海——島嶼回味集》有著一致的關懷。

吸引我的美味，都有著記憶與認同、技藝與營商等要素，而煮東西給另一個人吃，又經常帶著情感的給予，這些要素有時充滿各種張力，最終經常看見不知能否賺錢的生意堅持下去了、技藝的堅持來自於生活認同，或者味覺成為牽繫記憶的基礎。這是一部發生於餐桌上的臺灣歷史嗎？我帶著這樣的意識，寫下關於飲食的種種。

前一本書出版後，帶來些機會，更多的邀請使我看見更深更廣的臺灣飲食萬象，每則故事，都有個深刻或動人的情節，只是我們願不願意讓故事進到自己的心裡。

其中，顯著的體驗是自己的書寫跟美食商業操作間的格格不入，這令我警覺的提醒自己，要用更大的說服與力量，讓深刻的故事重塑市場飲食，改變那些只講 CP 值，或者著迷於起源、不明就理的古早與傳統，但這很難，我知道。就是徹底保持距離，讓故事持最大的完整性。光憑這點，就知道牽動飲食市場的飲食書寫，有專屬於此領域的倫理問題。

我的選擇，很清楚，為自己的好奇與觀察而寫，這本書沒有甚麼置入的觀點，維持自身對於島嶼回味的觀察。

「關於台菜這件事」是那些提供盛宴的辦桌師傅，他們的過去傳統與當代境況，堆疊了記憶傳承、技藝雕琢、自我堅持與難以抵擋的潮流等多面向的故事，華麗大菜的背後，比食物的滋味更吸引人。我開始嘗試用比較長的時間或者更為複雜的因素理解食物，「食物的歷史記憶與鄉愁」，透過鹽分地帶、芒果與粽子等素材，嘗試寫出比較有觀點的味道。「百味風土材」收羅了從苗栗到臺東的食記，一路往南，即使臺南還是主角，但我嘗試帶著大家，用一味認識一地或一人，提倡食物應該是認識臺灣的最好途徑。

除了臺南之外，「海味食堂」是頻繁的造訪金門、馬祖與澎湖的結果。海島書寫能成，來自於難得的機緣，即使是快去快回的短暫旅程，但我依舊維持從容，多半只在固定的地方吃飯，重複吃且細細品嚐，有時吃了五、六次才寫下，離島的味道是在這種無必須、沒承諾的狀況下寫成。我倒是覺得如我一般的出差旅行者，即使一人成行，也能吃到有滋有味的食物，感覺這本書應該可以提供某種指南的效果。

我無法一一感謝成就這些味道體會過程中的陪伴者與支持者。但，「海味食堂」的系列文章能成為主題，馬祖、金門與澎湖文化局處的朋友一定有大功，特別是馬祖的吳曉雲處長、潘建國前館長以及美君等夥伴，而澎湖的林寶安教授，更是我重要的引路人。

《坐南朝海——島嶼回味集》的出版，還要感謝研究室夥伴與研究生的協助，其中更要多謝綉雅的幫忙，拍照、訪談、整理及種種後勤的協力，功不可沒。更要感謝志峰兄的邀請，心儀允晨對於出版事業的經營信念，最支持的方法，就是讓自己的著作成為允晨的一部份。

最後，我出身於依靠吃飯凝聚眾人的家庭，家人聚在一起，經常一口下肚，是好味是踩雷，馬上默會共知，這是成為共同體的重要條件，從這個角度來看，這本書帶有家之味的眼光，也可說是四十幾年人生，家學練功的成果集。

目錄

1／關於台菜這件事

2／食物的記憶與鄉愁

3／百味風土材

4／海味食堂

CH. 1

關於台菜這件事

台菜武林的獨孤求敗——臺南知味餐廳阿潔師

江湖中另立門派，都不缺少一段故事，從阿霞餐廳脫離而出的阿潔師就是如此。要稱阿霞創辦人吳錦霞一聲姑姑的阿潔師，幾年前獨立開了餐廳，累積一生在阿霞廚房練功的實力，廚藝自是非凡。

另立門戶的知味餐廳，吸引舊識與新知，訂位排隊，通常要等上三、四個月，才能有緣進入那只有三桌的餐廳。一人掌廚的阿潔師，有個偌大的廚房，給自己最大的發揮空間，那是個應有盡有的舞台，可以直接看到桌上美食如何烹煮，只是他每晚只為三桌客人演出。臺北的大飯店以及手捧現金的投資客，曾經百般勸誘，開間大餐廳一定可以發大財。

但個小精瘦、雙眼炯炯有神的阿潔師孤傲的說，他堅持所有的味道，必須出於自身之手，他對所有的菜色負完全的責任，完全沒有將瑕疵推託於廚房新手的空間。阿潔師好像金庸筆下的獨孤求敗，「縱橫江湖三十餘載，殺盡仇寇，敗盡英雄，天下更無抗手……」。

事實上，他確實做了規模化經營的營商模式所做不到的事，於是他沒有敵手。三桌的餐廳，四位員工，一切不是衡量員工的成本問題，而是自己揮灑才能、可照顧的桌數。

在臺南，無論是阿霞、阿美或者欣欣等臺菜餐廳，一席不凡盛宴的起手式，都從香腸熟肉開始，類似拼盤的前菜，每道卻都有主菜的質量，粉腸、蟳丸、蝦棗、烏魚子、南煎肝、滷大腸頭、烏魚子與白斬雞等各自一盤，一套前菜上場，桌子已接近半滿。這套冷盤菜色，市面上也多有店家販售，但阿潔師卻示範了什麼是頂到天花板的極致表現，每道調味、每種食材，他都取用了頂級的材料。我

曾經一大早就看著阿潔師在路上奔走，細問才知道是要去尋找合適的食材，原來夜晚掌廚的大師傅，跟我們一樣一大早就上班。

阿霞飯店廚房的歷練，最需拿捏火候的，無非就是南煎肝與炒鱔魚，幾秒的差距，就決定了炒鱔魚的成敗，我曾經仔細觀察他如何炒鱔魚，那些該備的菜腳，都要用上一、二十分細切，然後，火爐點起，蓄積的能量齊備，用料一起下鍋，阿潔師用身體的力量推動大鍋，右手的鏟子讓材料翻騰，這場決鬥只用了一、二十秒的時間，這才能用猛烈的鑊氣，保留了鱔魚的脆口。

知味的紅蟳米糕該用浮誇來形容。飽滿蟹膏的紅蟳，幾乎覆滿盤面，糯米飯幾乎隱身了。阿潔師選用本港新鮮生猛紅蟳，對於米糕則用細緻呵護的手工攪拌入味，不用機械取代，米粒完整滋味浸入，搭配蟹黃飽滿的螃蟹，演繹了另一種風貌的滿城盡卸黃金甲。入味勻稱的米飯，秋天肥美的螃蟹，生活在臺南，這就是幸福的加總。

知味的炒米粉，總在酒酣耳熱時上場，如同日本人總在酒後來一碗拉麵，炒米粉看似簡單，光是要做到乾香入味就不簡單，浸潤與乾炒平衡得宜，我吃了幾次從來不是問題。感受到尋常菜色但有著更勝一籌的細緻，更讓人知曉阿潔師口中，台菜就是要讓人不計一切代價滿足的企圖。

知味的故事，沒有復仇的情節，阿潔師感恩阿霞的栽培，他只是想用自己的方法，聯繫廚

師——味道——食客之間的美味關係，過於隆重、過於貪食、過於飽漲，其實就是獨孤求敗所佈下的圈套，來過知味的客人，都是臣服於阿潔師的手下敗將。只是，我甘願。

引路之味的鰻魚醬與金錢肉——臺南土城加丁師

臺南安南區土城附近有個辦桌系統，相傳跟早年土城香、西港香等大型宗教活動的餐飲需求有關。前幾年有機會到土城仔拜訪加丁師辦桌團隊，才得以略知其傳承與網絡。加丁師團隊事業已由第二代接班，創始人加丁師已不在世，但團隊依舊以加丁師之名闖蕩江湖，阿裕師是繼承加丁師家業的長子，不僅如此，阿裕師的兩個弟弟也是辦桌家族的一員。

初次見面，我跟長相斯文的阿裕師交換名片，他的名片是辦桌家族的系譜，由上而下長幼有序，從父親，到第二代三兄弟，最後則是第三代，代際之間，各空一格，以區別輩分。

料理世家對待食物的態度，非同常人，加丁師家族中，有人喜愛吃牛排，於是就在自家附近，開了家台式牛排店，販售自家鑽研出的牛排。只是開閉無常，若遇全家出門辦桌便打烊。

傳承家學的阿裕師傅，料理烹飪具相當深厚的知識，常用許多術語破題，再用我們都懂的話，解釋這些屬於辦桌文化的精髓。他用「銅罐味」之稱，概括螺貝類罐頭的特殊風味，用在干貝八寶湯、魷魚螺肉蒜等料理，長時間密封浸潤的湯汁，

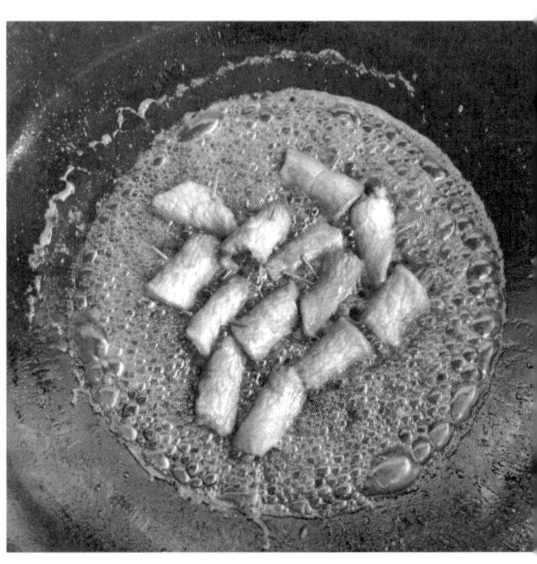

讓湯頭的鮮味，多了點如同錨定般的深沉，讓那些甘、甜、鮮，都有了穩定感。

我本以為土城辦桌，主要受到西港系統的影響，但阿裕師說起父親加丁師，曾經有一段離家至高雄日本料理店的學藝經歷，讓人大吃一驚。阿裕師經常在辦桌中示範的一道菜——金錢肉，就有日本料理的元素。

金錢肉融合了日式蒲燒醬汁和串烤的作法，將未經調味的里肌肉捲入青蔥段，過油逼出肉甜和蔥香，再裹上用鰻魚骨熬製的醬汁，用小火慢「蜜」出發光色澤包覆在肉的表面，不只是醬汁製作繁複，需先將鰻魚骨烤過去腥增香才能熬醬。

阿裕師說著鉅細靡遺的醬汁調製程序，讓人光是腦中想像金錢肉，就使人嘴裡生津，口水盡往喉嚨裡吞。事實上，阿裕師描述那道金錢肉的

滋味，可說是口說食物的精緻表現，口感、前味與後韻，層次豐富，說得精準。他說調製鰻魚醬，鰻魚烤香很重要、麥芽與酒是不同甜味的來源，但加入甘草，扮演重要的「引路」功能。什麼是引路呢？

我其實一聽就懂，因為過去吃過類似的料理，那道食物的味覺記憶至今猶存，引路的甘草甘味，有別於糖的甜味，讓鰻魚醬的甘甜，有了前後、有了層次。所謂引路就是甘味在前，其他滋味跟上，讓所有的醬甜肉甜都有了區隔，不因含糊而膩口。

阿裕師講出了父親的金錢肉的靈魂，能夠跟將食物講到如此細緻與精準的人說話，其實就如同經歷一場饗宴般，光聽就滿足了。

一道菜與一幅畫——臺南東香臺菜海味料理大頭師

初次見到大頭師，一身運用臺灣元素、自己設計的廚師服，很不落俗套。東香台菜系出大頭師之父，傳承自西港辦桌系統，十幾年前，從父親手上接棒。然後，就開始做他想做的事——二〇二二年，東香台菜位列米其林必比登名錄中，這間位在臺南安南區的餐廳，一時之間，聲名大噪。

大頭師喜歡騎自行車，車跡踏遍全台，每到一處，就烹煮食物給需要幫助的民眾享用。平常熱心公益常烹煮愛心料理給弱勢朋友享用，更受邀遠赴日本義煮愛心料理，所以有愛心總舖師的稱號。這些公益活動中，他特別愛烹煮菜尾湯

菜尾湯是辦桌的附屬品，是剩餘菜色的加總，也可說是豐盛味道的總和，是一道沒辦法標準化，每次味道都略有差異的食物。菜尾湯的誕生，是因為吃辦桌，是難得的飲食經驗，有時一個家庭，僅有一、兩位代表出席，因此有些辦桌，菜色豐盛，保證超越一桌人的食量，就是

為了讓大家打包回家，這些剩菜有時便組合為菜尾湯。

但東香大頭師的菜尾湯是新作之物，有別於過去菜尾湯的傳統，但卻掌握了其中的精髓，他想讓傳統辦桌的精神，在這碗湯中被體會。他說了兩個故事，提到說有次辦桌，主人要求額外多煮許多份量的菜尾湯，目的是想分贈給街坊鄰居，讓大家分享主人家的喜悅。他又說，年

輕跟著父親辦桌，有次宴席結束時，一身破爛的乞丐現身乞討，手拿著空碗，主人家將菜尾湯盛入，乞討之人，瞬間一臉燦笑，大頭師看見了那張臉，於是日後在他掌廚的宴席中，做了這碗湯，告訴大家辦桌的文化，存有難得而無私的分享精神，那給與的有時正是他人需要的。

這碗菜尾湯，拆入半隻雞肉，用梅嶺梅醋調出酸甜，再讓筍片、白菜、蕃茄、魚板與肉丸匯聚出一口味道豐富的滋味。大頭師的菜尾湯，沒有被傳統套路所限定，自然不是剩餘料理的加總，很有個人風格，但卻把握了辦桌的內在精髓——施與分享的人情。那口菜尾湯，有著味道之外的深意。

東香台菜餐廳為全臺南第一家三星「溯源餐廳」，採有生產履歷之食材。大頭師也喜歡跟大家說菜，臺菜的典故，辦桌的傳承，好吃好聽，這樣的總舖師並不多。

有次去採訪時，大頭師示範了洋燒大蝦與五福彩鳳囍臨門兩道菜，後者是拼盤菜，通常是喜宴第一道菜，開場破題很重要，辦桌是飲食經驗極致化的表現，色香味要能一應俱全。拼盤先是奪目，然後由涼而熱，再上二路菜魚翅羹，兩道菜通常就能決定一席辦桌的成敗。通常廚師被採訪、被拍攝，都喜歡選擇在廚藝表現性強的料理，身體、火候、鍋具與刀工常能盡情展現。選拼盤，令人好奇。

大頭師在廚房備料時，攝影機靜靜的拍著，廚房沒人有大動作，所有食材備妥後，九孔、雞腿、透抽、香腸、蝦捲等五盤菜色，開始裝飾拼盤，他喜歡用天然食材裝飾，一下雕刻茄子，待會用了石斛蘭、巴西里、香橙的顏色，裝飾整個拼盤，他有時停頓估量，考慮整體裝飾的視覺結構性。感覺他是用另一種態度，來完成這道菜。

大頭師說，他從國小就愛畫畫，國中三年擔任畫壁報的學藝股長，高中就讀長榮中學美工科，服兵役時，因為辦桌的家世，而到廚房當班長，後來被知道是美工背景，又去做政戰文宣繪製的工作。

於是我懂，大頭師的五福拼盤，是張美麗的畫作。

大師傅的第一場辦桌
——臺南歸仁施家班

辦桌在臺灣，是相當普遍的飲食文化，每個人從小到大，都對於與日常飲食有著極大差異的辦桌，有著共同的體驗。有陣子經常拜訪總鋪師，不僅看見了大師如何獨當一面的養成過程，也連帶的看見了辦桌團隊的構成。我的關注始終在人，幾乎所有的辦桌團隊都有著共同的特徵，那一個個聚焦於某某師為名的總鋪師，背後都有著一個家庭的力量支持著。

身為總鋪師家庭的一員，很容易就被

捲進這種短時間勞動力密集動員的產業，這讓許多嫁進總舖師家庭的媳婦，幾年後，也變成獨當一面的大廚，哪怕她本來是幼稚園老師或者美髮師。他們的小孩從小看見父母親的辛苦，於是自認應該幫忙，父母則帶著一份對於子女的虧欠，讓親子關係有著更深刻的連結。於是有些孩子，在還來不及確定自己的興趣之前，用他們其中一位的話來形容，「就已經慢慢做出興趣」，即便他們都曾經短暫的離家，但多半都因為家裡的需要而又返家，這其中不得不說這種產業，很容易以家庭的需要為考慮，把人緊密的包覆在一起。辦桌，我們可以看見總舖師背後整個家庭的身影，這些華麗美味，其實是一整個家庭用心經營的結果。

他們會吵架嗎？當然會。但很少因此決裂，這樣的家庭，從小就在演練與習慣，如何存異求同，因為家庭，必須團結，聽說曾有出桌之前，兄弟之間大吵一架，但，冷盤上場後，兩人又在蒸籠前分工的精準到位。

歸仁施家班，在臺南辦桌界，頗享盛名，第三代的施宗榮師傅是關鍵人物。一九五五年出生的施宗榮，出身辦桌世家，從小耳濡目染，小學開始從基本功做起，當兵前已出師。兩年九個月在中壢當兵的日子，只要放假前後，都以夜車來去，目的就是為了放假日回家幫忙。退伍後，毫無懸念的承接家業。

施家班的事業得以擴張，其中關鍵在於他用培養師傅的心態來教徒弟，毫不保留，跟父祖輩總習慣留一手不同。其實也唯有毫無保留的傳授功夫，團隊才有不斷外擴的能量，從施家班出師的師傅，已有三十幾人。

家業在他手中發展成目前的規模，經營著桌數超過百桌的宴會餐廳，維持五組外燴辦桌團隊，曾有紀錄，一天辦了五百多桌。施宗榮的名片背後，寫著滿滿的社會組織、慈善組織的名銜。他不只是個廚藝精湛的廚師，也是個成功的事業經營者。

施師傅示範了辦桌必有的封肉，不僅能說能做，從如何用溫油逼油，到慢燉兩小時的滷汁配料，知無不言，這道料理之於辦桌的典故，交待的完整清楚，三代傳承的不只是廚藝，還是歷史與文化。

就口語表達、待人處事而言，施師傅都不愧是施家班掌門人。那天採訪結束時，為他拍下幾張特寫，他在鎂光燈前架式十足，充滿自信。工作之後，大家吃著餐廳準備的食物，他依舊像是號令全場的將軍，湯溫不足馬上請廚房端回處理，他沒吃上幾口，但手上的筷子，反倒是不斷梳理著那盤炒米粉，讓它的樣子始終好看。

但說起出師後的第一次辦桌，二十歲，在歸仁，十六桌，結婚喜宴，封肉成功，花枝未炒熟，失敗，羊肉煮太鹹，失敗，主人家去跟父親抱怨，宗榮師一邊說一邊露出這段採訪中，最毫無保留的大笑。

大廚有這樣的開始，成功者能這樣面對的失敗，這才是我喜歡的辦桌師傅。

桂花魚翅的味道

——臺南善化新萬香餐廳阿仲師

看到廚房備廚台上的一碗碗食材，對我這等好吃的人，就是件令人興奮的事。在過往的採訪經驗中，看大廚備料過程，如何細緻的對待每種材料，往往收穫豐富。但有次在善化的新萬香，看第三代老闆阿仲師展廚藝時，卻有格外不同的收穫。

那天他要示範桂花魚

翅，水發魚翅的要領說得清楚，幾項用料也依序布置好，但我卻看見其中有個碗，裝著豆芽菜，我有點不明就理，桂花魚翅怎會用到這種便宜的食材。但對阿仲師來說，廉價的豆芽菜最為關鍵。

新萬香是個傳承三代的老店，自詡要成為善化最好的餐廳，他們的第一代以辦桌起家，第二代在小新營開了也賣小炒的麵店，三十幾年前在新址開張延續至今的新萬香餐廳。

新萬香是個沒有菜單的餐廳，所有當日的料理，全部以擺放於櫥櫃的食材為基礎。只有魚翅，沒在其中，這跟店家不想主動推銷有爭

議的魚翅食材有關。這道菜，於是只在熟客之間流傳。

魚翅，這又是另一個大公案了，我自然是反對只取魚翅，就把鯊魚推入海的做法，但如果大家去吃過高雄茄萣的魚翅火鍋，知道茄萣是鯊魚肉製品的加工區，魚丸、鯊魚煙、魚皮等，魚骨還能去熬膠原蛋白，一尾鯊魚是從頭用到尾，這其實又是最環保的吃法了。所以吃鯊魚，一定要細細追究再來判斷。

新萬香的桂花魚翅是以炒功襯托香氣、以食材做出口感的一道菜。材料除了魚翅，還有火燒蝦、杏鮑菇、筍絲、蛋酥。所有食材要處理成細絲狀，頗考驗刀工。在所有食材川燙或過油後，我留意了其中的味道，火燒蝦的存在感強烈，香氣瀰漫。最後將食材聚合於一鍋，再用大火炒成。

桂花魚翅各項食材，處理頗見功力，如同蛋酥，打好蛋汁溫油入鍋，拌攪均勻後，蛋汁漸成粒狀，油溫添上，逼出水分，酥香口感的蛋酥才能完成。

而為了讓口感的一致性更高，二十幾年來，這道菜到了阿仲師傅手上，用杏鮑菇取代香菇，食物入口更形紮實。不用說，爽口的豆芽菜也是為了相同的理由而入菜。我迫不及待的嚐上一口，果然香氣盈貫、食材存在感強，各方面均屬上承的作品。

阿仲師說桂花魚翅通常不會在喜宴菜上桌，就怕被不明就理的客人嫌棄豆芽菜貧賤。只有熟客會點這道屬於無菜單，甚至可說為私房菜的桂花魚翅，因此這些熟客不僅是識貨之人，這道豆芽菜佔了不少份量的桂花魚翅，其實還有著主廚與熟客之間的高度信任感。

對比於現在餐廳常以標榜無菜單為行銷手段，於添加料理的價值甚至減少備貨的成本，均屬高招，同屬無菜單的新萬香桂花魚翅，讓人感覺那是主廚與熟客之間，彼此默會相通的理解。

美食的定義，除了各種主觀認知下的好吃，更是一種味道的信任溝通，這也是老店才有的味覺深度。只要熟客一代傳一代，只要阿仲家族還掌著廚，這道菜，就不會失傳。

布袋雞，與即將消失的手路菜——臺南永康阿勇師

許多入行超過三十年的總鋪師，認為現在已經不是手路菜被重視的時代，沒有客人欣賞，沒有客人吃，自然就沒有會做的師傅。如同新萬香的阿仲師傅，那道桂花魚翅，不斷追逐口感與香氣的提升，因此加了豆芽菜，但卻被人嫌棄豆芽菜貧賤。那些巧思與研發不被視為成本，豆芽菜自然無論如何也不能上桌。開玩笑的說，現在最能看到手藝功夫的極致，好吧，或稱為魔幻之展現，

應該是卡通中華一番中的小當家吧！

我們已經走到了由食材衡量一桌菜的時代，養殖石班、進口龍蝦上桌後，只要清蒸與水煮就能讓客人拍手鼓掌。有次吃辦桌，冷凍的帝王蟹灑上人造乳酪絲，烤一烤，上桌後每個人爭

相搶食，而那甕隨後上桌，填滿內餡的布袋雞，卻幾乎整碗好好，被有緣人整袋帶回家。那天，我只喝了一小碗湯，但那味道卻留在我嘴裡好一段時間。

我也見識過豬腳內包入豐富配料的豬腳大翅，以及拆掉整隻雞骨，包入豬肚與甲魚的雞仔豬肚鱉，之前還看見費工拔出鰻魚骨頭的化骨通心鰻，其他還有凸骨鰻、七捆肚、八寶鳳腿等，每道都是很費手藝的料理。

只是豬肚、雞肉與鰻魚，都不敢龍蝦與帝王蟹，大師的手藝無處展現，自然也不會將這手路放給徒弟。因此，我格外欣賞把這些手路菜留下來的師傅，例如永康阿勇師的布袋繡球雞。

人稱阿勇師的汪義勇，是家中餐飲事業的第二代

接班人，他從八歲起就幫忙家中生意，跟著父親四處辦桌，十八歲時父親透過一場試驗他的酬神筵席，讓他出師。他的辦桌生涯迎上了臺灣經濟起飛的階段。他擅於學習新事物，但也能消化成一套屬於自己的風格，從餐會會場、食具選擇與桌布桌椅，他都樂於接受新風格，也樂於嘗試新食材，但對於講求分秒必爭的外燴場中，阿勇師卻堅持保留手路菜。

布袋雞是阿勇師辦桌中的常見菜色，阿勇師說這是「早期為富貴人家才能享用的阿舍菜」，他選用皮薄肉嫩的烏骨雞來當材料，要將整隻雞骨取出，而不傷其外觀，並將干貝、魚翅、八寶丸、小珠貝、香菇等食材為填料，放入雞內，因雞身填滿餡料，有「賺錢滿布袋」之意，日後便成為入厝、工廠、公司開幕落成所常見的一道菜色。

在臺南經常有機會吃到阿勇師的辦桌，我總是格外期待布袋雞，包裹豐料的烏骨雞後經過老母雞上湯入味熬燉，湯溫湯味湯鮮具全，讓這道菜幾乎完美。

手路菜的價值，不如食材般容易被感受，在講求 CP 值的時代，也保證吃虧。所幸阿勇師還堅持布袋雞的味道，以及那些繁複手工所帶來的意義，如果我們失去了欣賞手藝的能力，不知那正是辦桌菜的最上乘精髓，布袋雞就可能只留在我們的記憶裡。

跟我們一起長大的餐廳——臺南山上國正食堂

我習慣在每個村落尋找提供宴席菜色的餐廳或食堂，如同歸仁的阿菊食堂與佳里的佳里食堂，都是擁有數十年傳統的地方看板餐廳。這些在鄉下提供大菜的食堂，大多也是地方宴客時，少數的選擇之一，因此民間愉悅宴會的懷舊記憶，大概都跟這些餐廳有關。特別是人口數減少、長者比例高的偏鄉，這些餐廳的存在，更可提供尋找曾經繁盛的線索。

類似的老牌鄉間餐廳，在山上區有公有市場旁的國正食堂。山上近年來由於水道博物館開館，假日偶見人氣，但尋常日子裡，市場已經是個僻靜的空間，對面的阿燕姨冰店，反倒較有人氣，許多人會特別來看看八十幾歲的阿燕姨，如何用那套已經運作超過半世紀的設備，每日親作手工冰品。

廚房目前還位在山上市場內的國正食堂，是經營超過三代的老店。對於常住人口已不到五千人的山上區而言，國正餐廳是僅有可提供宴席的餐廳，除了餐廳，也兼營外燴辦桌，由於如此，只要一遇辦桌，他們就需停止營業，不僅如此，山上的彌月油飯，早期也多由國正食堂提供。國正食堂經常參與了過去的山上人，生老病死的每一刻。

國正食堂的廚房班底，是兩位平均大約七十歲的女性，掌廚經驗最起碼都有三十年以上。國正的食物，並沒有時髦的手路與新奇的食材，恪守著傳統數十年如一日的口味，那些現在餐廳廚房中，常見的

泰國與日系的調味料，她們一罐也沒有。而近年來，為追求酥炸口感，餐廳多備不同炸粉，對於國正而言，事情不用太複雜，裹點蕃薯粉入鍋炸就是了。

那些上桌的菜色，從味道到裝飾，好像都是屬於上一個世紀的。當季的涼筍上桌時，除了白醋沙拉外，還有一碟蒜頭醬油，涼筍蘸蒜頭醬油是已被許多人遺忘的吃法。或者如同夾著鹹蛋黃的八寶丸，與用豬網紗包裹的蝦棗，以及燉盅裡的冬瓜排骨酥湯，都是傳統經典菜款。

這類位在鄉間的餐廳，不僅求吃好，也一定要能客人吃飽，過去曾經聽過吃辦桌因為沒有飯而吃不飽的說法，確實有人認為一桌好菜，只缺一碗飯。國正食堂點菜最難之處，因此不是在竹筍、蒸魚、八寶丸與炒鱔魚之間如何選擇。而是在那麼一道可吃飽的麵或飯中，究竟那種選擇才明智？如同餐廳招牌標榜的彌月油飯，或者老闆頗自慢的炒麵，以及可帶來豐盛感的滷麵，三者如何選擇，通常讓人必須猶豫一陣子。

國正的油飯相當出色，豬肉、蝦米、魷魚乾、香菇等爆香出味後，糯米入鍋炒香，然後就是文火悶煮一段時間。不斷從鍋蓋外洩而出的香味，讓人覺得那座已經空蕩的市場，好像還跟過去一樣，百味叢集人聲鼎沸。

山上的國正食堂，幾乎天天營業，也客人有限，有時平常日中午就是一、兩桌客人，這類餐廳全台鄉間經常可見，曾經跟我們一起長大，也會跟我們一起變老，你不會用求新求變的角度去看待這類餐廳，但當你吃上一口記憶中熟悉的味道時，卻會有種老朋友好久不見的感覺。

炒紅飯的滋味——臺南後壁梅鳳飲食店

臺南後壁菁寮是農村社造典範，更是生產好米的米鄉，有段時間經常到此工作，看見清風吹拂的田裡稻浪，或者老街日常依舊的景象，都讓人相當愉快。到了吃飯時間，總是毫無懸念的走向梅鳳飲食店，然後，就開始苦惱於該用白飯來搭配滷肉，還是就吃一盤爽口酸甜的炒紅飯。

一九五三年開業的梅鳳飲食店，原本在菁寮老街營業，二十幾年前才遷到現址，這類的餐廳要能應付地方所有餐飲需求，兩代以來的經營者，辦桌也要會，散客也要接。我只要到梅鳳吃飯，

一定是一盤炸豆腐、炸肉捲，然後煮個西瓜綿湯，再來一鍋滷肉，好像是回鄉下的親戚家吃飯。

我終究還是選擇加了蕃茄醬的炒紅飯，因為通常工作半天後，能夠在大熱天下刺激食慾的，只有炒紅飯。我甚至曾經在步行往餐廳的路上，想到炒紅飯，嘴內立刻分泌口水。然而，有趣的是，炒紅飯的滋味，通常跟蕃茄醬的第一品牌可果美無關。

我們的味覺體驗，經常受到特定品牌調味料的影響，例如蕃茄炒蛋、紅燒魚、糖醋排骨等料理的酸甜味，就來自市佔率超過八成的可果美蕃茄醬。讓蕃茄醬進到日常飲食生活的關鍵影響，其實是從我們開始吃麥當勞薯條之後，我們就在億霖與可果美等兩種常見的廠牌中，建立起對於蕃茄醬的味覺識別。久而久之，我們對於蕃茄醬的辨識能力不高，偶遇用心的義大利麵中，添加自製蕃茄醬汁，有時還不能自覺此味難得。

事實上，主流販售通路的影響力，是讓蕃茄醬市場的寡占率提高的重要原因，我們幾乎無法在全聯、家樂福中，看見可果美、億霖之外的其他品牌，或者頂多加上亨氏，其餘的品牌對於整體市佔之影響，可說微乎其微。

因此，只要遇到另一種蕃茄醬的滋味，都會令人印象格外深刻。臺灣調味料生產廠

商，至少一九七〇年代以來的蕃茄加工，就不缺少蕃茄醬這一味。我知道的幾個廠牌，如味高、百泉、高興、永安等南部的調味料廠牌，都有生產蕃茄醬。而其共同特色，則是用較多的甜味收斂了蕃茄的酸味。而它們之間不同的紅，雖說難以避免是來自不同紅色色素的增色，但只要看顏色，就能知道這炒飯用了那種蕃茄醬。

我猜想這樣的甜，應該不適合成為義大利麵的基底醬汁，但卻於炒飯這一味，能有特出表現。以前在臺北讀書時，我會騎半小時的車，到西門町的內江街吃少見的蕃茄醬炒的飯。而在臺南，麻豆光復路也有好吃的炒紅飯。他們的味道，都跟梅鳳飲食店一樣好吃。我還曾聽過許多臺南人說，加了點蕃茄醬的炒紅飯，簡單易做，是記憶中的媽媽味。

梅鳳的炒紅飯長的就如同家裡媽媽炒的那一盤，酸甜甜的滋味、黏呼呼的口感，雖說壓抑了米飯的獨立性格，但也就是那屬於南國夏天的滋味，成為深鑿記憶的錨點，讓人在茫茫如大海的食林中，時不時的就要把它找出來，重新咀嚼那宛如過往的酸甜滋味。

女人撐起的豬腳——屏東熊家與林家萬巒豬腳

往恆春半島的路上，經常有人往山的方向拐進去，來到萬巒吃豬腳。萬巒豬腳街的密度驚人，短短一條街，容納數家豬腳店，競業關係明顯存在。特別是豬腳就長那樣，各家大同小異，店東更不吝於說出醬油品牌、滷料配方與豬腳來源，因為取勝關鍵，大概跟各自的服務形式、品牌經營等因素有關。而早期則跟

攬客方式有關。

大約三十幾年前，我跟著大人在豬腳街上走動，滿滿人潮，每間店的外面都是攬客的店員，我後來才知道他們攬客的經常用語，大約都是「在地人推薦的」、「這家才是真的，後面是假的」這類的語言。真跟假，是個一翻兩瞪眼的語言，也是個嚴肅的指控。

然後，稍不注意，一個家庭的一小條人龍，有時就被不同店家的伙計各自拉住。我就有被帶往另外一店，而家中親戚則已經到了另外一家的經驗。因此，訪談中指出，過去常為了店員攬客而產生店家間的糾紛。

不過，那些經營者私底下多半往來和氣，彼此經常互通有無，醬油、豆腐與白飯都可以借來借去。所以說，要戰也要和，

老闆與員工的人設各自不同。

萬巒村最有規模的就業需求，是幾間豬腳店的人力，合計起來起碼超過兩百人，關係到兩百個家庭的生計。這些員工的來源，除了有明顯的地緣關係，有的也跟親屬網絡有關，因此年輕的老闆如何驅動從小看她長大的阿姨，而看似強勢的老闆娘，也得用委婉的口氣，哪位被稱為什麼哥的資深員工。熊家豬腳的老闆娘，外號小辣椒，在十幾年前，就看準了萬巒豬腳必要插旗南下墾丁往來處展店，很有眼光的一步棋，又或者跟本土劇電視台合作，進行以娘家為名的產品開發，也全出自小辣椒之手。

她從菜色與環境著手，一手改變了豬腳店的定位，跟其他店產生了明顯區

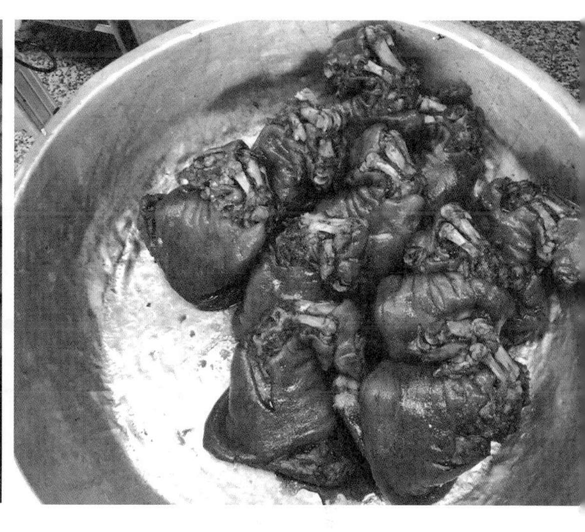

隔。但她也無力要求外來師傅做出她心中的客家味，於是就另立小廚房聘請嫻熟客家菜的在地阿姨專做客家菜。而其他業者努力攬客塞滿餐廳，她就買了大冰櫃引進多樣化食材，一桌搭配萬巒豬腳與其他好料的宴席，緩緩吃一餐，讓人吃得多樣、細細品味，當然，也必須付出更高的代價。

萬巒豬腳店的老闆們，是地方經濟的重要貢獻者，也難以避免地被期待涉身公共事務，那些必須自主籌謀的社會領域的運作，國家所不及者，當然就是老闆們來填補。從廟宇的興修到義消義警的支持，這都是必要的投入。

豬腳店的經營團隊，大多為家族成員，因此，經營想法的衝突與調和，也都無法割捨具有家庭特色的解決模式。有媽媽先順著小孩，但其實佈了更大的羅網，有母女之間以和為貴，而讓向前的路必須是緩緩的節奏。

豬腳街中，林家豬腳去年蓋成了一棟新樓，他們的策略以拼翻桌率為要，通常客人一坐下點完菜，三分鐘後菜就能陸續上齊，一桌客人大多半小時就能用餐結束。為此，林家豬腳的團隊相當有效率，隨時有人填補落失環節，追上進度，是一部默契極好效率很高的系統性機械，但每個人也都是在忙碌中，度過每一日。蓋了新樓，有著第三代女老闆對於未來的想望，只是還在等待母女三人的核心經營團隊，產生經營共識後才能啟用。

有人說萬巒豬腳的風味，各家差異不大，理由無外乎是豬腳來源一樣、滷料配方雷同，或說醬油都用同一家。於是有人就看誰家人多，就選擇吃那間。其實以熊家與林家豬腳的例子來看，人多人少，全都出於店家的策略，豬腳口味都差不多一樣好吃，這次試熊家，下次吃林家，你才能成為萬巒豬腳的專家。

林家豬腳
正宗林家

萬巒豬腳的科學與倫理——屏東萬巒大人物餐廳

萬巒豬腳是門興旺的大生意，店家日日短兵相接，能夠屹立不搖，都有自己的策略，有人訴諸於正統便有人講求創新，有人要拼平價翻桌率就有人改以豐食盛宴登場，如此一來，一條豬腳街，就對中了萬般口味的消費者。

策略的形成，並非全來自前置企畫的運籌帷幄，而通常跟客觀形勢的造就有關，訪談了不少店家，那些影響店裡經營的轉折點，經常跟人生的機遇有關，但我們在大人物餐廳聽到的故事，卻很不一樣。

二〇〇六年才加入萬巒豬腳競爭的大人物餐廳，標榜唯一供應紅麴豬腳的店家，訴求注重養生。這跟新化葉麥克的藥膳鹹酥雞一樣，一聽就覺得紅麴與藥膳能讓愛吃卻又要健康的消費者，卸除心中一切罪惡。在講求養生的年代，參照了《本草綱目》而推出的紅麴豬腳，林忠飛老闆認為就是體現「產品和服務要做到唯一，而不是去跟別人爭第一」的策略。紅麴豬腳，豬腳街唯一。

林老闆老闆是行銷高手，曾輔導許多地方產業的轉型，回鄉操刀萬巒豬腳，把畢生所學全部用上，他專研泡菜的開發，設定「第一道菜我就要讓你驚訝，讓你感動」，完全洞悉消費心理學。他致力於製程的標準化與合理化，物料與人力的配置，要能在生產流程中確實定位，在成本結構中能精算清楚，他拿出一張某料理的生產流程圖，密密麻麻的箭頭與說明，讓大家都驚訝了，他是用標準化製程來降低味道不穩定的變數。

照例，我們還是會問調味料的配方，這題經常導引出眾人對醬油的各種形容詞，有時是對著那裡頭不知為何物的滷包，跟打死不透露秘方的老闆鬥智。但，林老闆一句話就清楚，他都選大廠牌的，因為安全性相對穩定，連廚房的製程與設備都參考餐飲業食品安全管制系統辦事。

不過，大人物餐廳經常以「用完餐點，林老師免費看手相、面相、姓名學，幫你解惑。」聞名，吃飯兼算命，於是這位科學管理人又做出了另一番闡釋，他說安全很重要，薑絲炒大腸都習慣用醋精炒才夠味，但他認為強酸對身體不好，因此用檸檬加工研醋，洗大腸也不用明礬，

要求師傅用沙拉油、麵粉多搓洗幾次。接著他就說讓客人吃到不好的食物，是餐廳經營者的業障。

我聽到業障兩字，突然很興奮，一併把林老闆開始說的管理學實務歷練，重新放在另一個脈絡中理解。談業障重因果講善惡信輪迴，那套的宗教倫理價值，老闆是靠追求安全、健康與獨特的方法實踐。大人物的紅麴豬腳是一套科學性與倫理觀作用下的實踐物。

對於講求身體經驗、默會知識的客家菜傳承，林老闆認為到客家庄就是要吃客家菜，但要做到精緻衛生，就要有精準的掌握，從「物性」到製程的對應，都要遵循他那一套，「我本身有工業工程的基礎，研發的菜有一套生產流

程。」客家味的精準追求，客家元素的融入與展現，林老闆都能發展出一套相對應的流程，科學製程也企圖生產相當具有詮釋性的族群文化。能立足競爭激烈的萬巒豬腳街，這些老闆們都有著自己過人的能力。

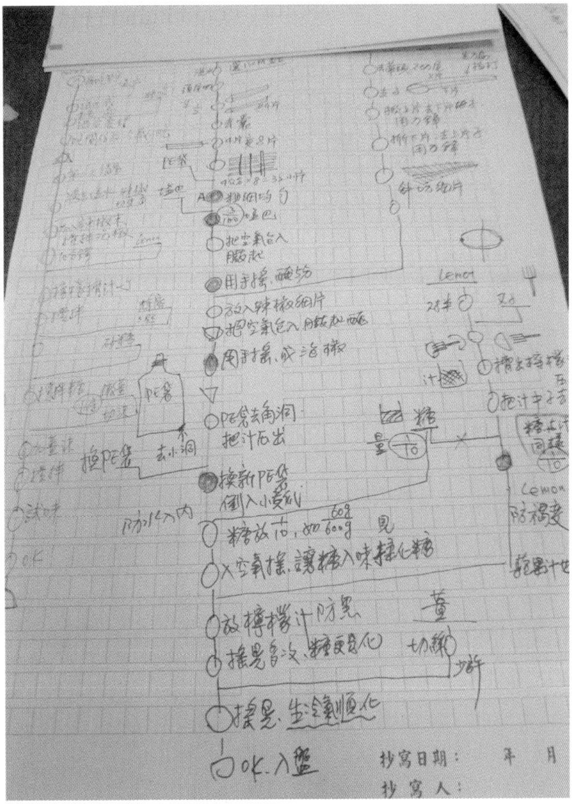

阿麟嫂的肉米蝦——屏東大新食堂

年幼時的記憶，如同毀壞膠卷中僅見的幾個片格，前後脈絡無從串起，但留下的那一幕卻格外深刻。小學之前，有幾次跟著媽媽回屏東的經驗中，火車過高屏溪時，通常已是晚上，疾駛而過的火車，讓鐵橋上的灰黑色鋼架，從眼前不斷交錯而過，之後，我就知道屏東外公家到了。

一九七〇年代末期的屏東，是個安靜的小市鎮，晚上七、八點，家戶

多將門戶關上，外公家也是如此，除了客廳點著燈，通往大通鋪的走道，以及臥室之中，都只點著一盞鵝黃色的小燈。除了偶爾經過的火車，發出轟轟的聲響，我通常感覺外公家的晚上，是寂靜且昏暗的。

於是，我特別期待在夜晚時外出，年輕的阿姨們，很喜歡騎車載著我們幾個小朋友出門，那時晚上最常或說唯一的去處，就是屏東夜市。屏東夜市位於民族路上，兩端分別是復興路與仁愛路，這段大約兩百公尺長的範圍，燈火通明人聲鼎沸，是屏東最熱鬧的地方。

我應該是在新園牛肉爐第一次吃到汕頭風的沙茶火鍋，攤位三十五號的關東煮，清澄湯色中，有著清淡卻有後韻的柴魚味，以及手工自製的各式關東煮，醬油膏與哇沙米調和的沾醬，說明了它日臺調和的身世，其它還有碳烤三明治、雞肉飯、蜜茶、鱔魚麵等等食物，我的味覺記憶，最初的對照組，應該都是來自屏東夜市。

十年之後，我到屏東讀專科，五年時間，夜市成為我的食堂，我最常在二十八號的阿狗切仔攤，以及民族與民權交叉口的雞肉飯吃飯，阿狗切仔攤生意很好，專賣各種切仔料，肝連、韭菜、花枝，配上一盤米粉炒，就是一餐，他們作生意很有人情味，長久以來，只供應食物，飲料則留給隔鄰的雜貨店經營。

我的屏東記憶，始終與屏東夜市無法分離，從五、六歲到專科畢業時二十歲，我一直認為屏東夜市是媽媽的故鄉最好玩的地方，這些味道如同鄉愁，很常牽引著在臺北求學十年、在臺南工作十年的我。所以有時候，我會帶著孩子搭火車，從臺南到屏東，只為到屏東夜市吃頓飯。

大新食堂阿麟嫂與一頁家族史

屏東夜市有趣的地方，不僅是民族路兩側的攤商，往兩側的巷子走，巷弄中別有洞天，其中，位於露市巷的大新食堂，便是間我們家族聚餐的選擇之一，露市巷聽其名便知曾是市場，曾經繁華，大新食堂的門口，都還可見一排水泥砌成的攤位，但看來已經荒廢許久，現在只剩一、兩間豬肉舖，以及一家賣香腸肉鬆的攤商。目前的露市巷倒是比較像夜市攤商的後場，備料的基地。

不過，對我來說，只要與家人一起到夜市吃飯，最常往露市巷走，不是選擇大新食堂，要不就是新園牛肉爐。其中開業超過七十年的大新食堂，是家族三代都曾光顧的店。大新食堂是間擺著六張大圓桌的餐廳，適合家族聚會，或者生意場上的宴飲，創業之初，大新食堂由阿麟嫂經營，後來傳給了媳婦劉曾牡丹。但不管是誰經營，我們都習慣叫老闆娘阿麟嫂。

牡丹阿嬤（就是第二代阿麟嫂）對我們家族知之甚詳，至今依舊記得我的外公，外公原是嘉義東石人，後來移居到屏東，在火車站附近經營貨運業，曾當選屏東市民代表，家族中其他親友，也曾為縣議員，涉入公共事務，宴飲機會甚多，大新食堂就是常去的餐廳。

除此之外，逢年過節一家人的聚會，也經常在此，那時表兄弟姊妹眾多，家族聚會，總是大人一桌、小孩一桌，非常熱鬧。後來，隨著外公、外婆辭世，表兄弟姊妹漸長，或者結婚成家或者赴外工作，家族相聚不再容易，一夥人佔滿半間食堂的光景不再，有時就連湊滿一桌都不是件容易的事，這應該不是我們家族的特例，其他常客也是如此，以至於大新食堂的六張大圓桌，現在經常空蕩，或者一張桌子只坐了五、六人。大新食堂如同歷史舞台，許多家族的聚合離散，都在這一張張曾經滿溢而今空蕩的圓桌中上演。

圓桌上的好滋味

大新食堂的料理，說起來很簡單，沒有魚翅龍蝦鮑魚等昂貴食材，提供的選擇，大概不出二十種，白煮蝦、魚卵、粉腸、炒海瓜子、炒腰花、豬肚湯、白斬雞、龍鳳腿、五柳枝、肉米蝦與炒意麵。我吃了三十幾年，反覆點食，就是這些菜色。

阿麟嫂的菜色雖然平凡，但有幾道料理，絕對可以收服多數老饕的胃，就以白斬雞來說，我對白斬雞使用油脂過多的玉米雞，向來評價不高，而用放山土雞時悶煮火候稍一不甚，肉質便過老。阿麟嫂則專選不到兩斤的仿土雞，此時的仿土雞逐漸累積脂肪，漸增的運動讓肉質開始結實，煮時只浸入簡單的醃料，入熱水泡熟，放涼略讓肉質收縮就可上桌。這樣的白斬雞，肉質鮮嫩而不鬆垮，略帶油脂香味，蘸上一點蒜頭醬油，我始終認為大新食堂的白斬雞，是回歸到肉質與油脂該如何平衡的經典示範。

我們也幾乎從未錯過粉腸與龍鳳腿。有些食物我只在屏東吃，粉腸是其一，就算是偏見也罷，我通常不吃在灌料中加了紅色色素的粉腸，屏東或者臺南的切仔攤中，提供的粉腸都未添色。好吃的粉腸，新鮮腸衣是最基本的要求，灌入的地瓜粉與填入的豬肉塊有比例的問題、有調味的問題，但基本上肉塊如果沒有存在感，那便不能說是粉腸了，大新食堂的粉腸便是一道相當素樸乾淨的美食。

而用豬網紗包裹漿料後油炸的龍鳳腿，也從未被最近幾年比較少吃油炸物我放棄，即便網紗鐵定是促成三高的助成物，但我很願意將偶爾犯規的機會留給阿麟嫂的龍鳳腿，這道菜也幾乎是我們家年菜的必備料理。龍鳳腿在基隆、花蓮、瑞芳都有著名的攤商販售，但阿麟嫂的龍鳳腿捨得用料，漿料中和入了鮮蝦、魚漿、以及洋蔥、紅蘿蔔等食材，網紗一經油炸，油亮動人香氣四溢，是讓人決不放過的食物。

但我最喜歡的永遠是肉米蝦。肉米蝦常見於臺南臺菜餐廳中，但大多讓人失望，不僅用料不豐，背離肉米蝦的精神，口感完全無法均衡，一碗肉米蝦上桌，甚至顯得非常寒酸，近年已成為我必定剔除於整席菜色之外的首選。

大新食堂的肉米蝦，除了蝦仁與豬肉，須加入碗豆、紅蘿蔔丁、洋蔥丁與筍丁，每份食材都須切得差不多大小，工序上首先將蝦仁裹上蛋液油炸，刻意增加蛋夜的目的，有助於最後上桌時的豐盛感，接著相繼將用料入鍋爆炒，加入高湯煮沸後，利用樹林的五賢醋與屏東的金松醬油調味，最後勾芡，上桌前再將蝦酥鋪滿，點綴些許香菜，滿滿一碗極為好看。

肉米蝦是一道從食材到烹飪方法都極為尋常的食物，但卻透過刀工將食材口感整合，醋味醬油味添了味覺的豐富性，勾芡則讓口感增添豐腴感。在阿麟嫂的巧思下，一道運用簡單食材的料理，就成為上得了宴席的大菜。

料理女王——阿麟嫂

大新食堂的廚房，位在店門口，除了專供炒菜的兩口快速爐外，還有用於燉或蒸用途的幾口爐灶，全由阿麟嫂一人掌廚，除此之外，她還要招呼客人，勸客點菜，忙得不得了。她的手腳非常俐落，一下聞到麻油炒腰花的香味，一下子聽見使弄菜刀飛快切菜的聲音。沒多久，料理迅速一道接著一道上桌，食客馬上進入杯觥交錯的熱絡狀態，一屋子的人聲鼎沸全靠阿麟嫂造就。

第二代的阿麟嫂掌廚已經四、五十年，直到兩、三年前，廚房總見她一個人忙上忙下。但令人感到好奇的是，她的小孩都成家立業，甚至孫子都已二十好幾，阿麟嫂的背也日漸駝了起來，但似乎見不到下一代接班的跡象，聽說粉腸、龍鳳腿等料理的前置作業，也都是阿麟嫂包辦。就算最忙碌時，廚房的人手並未增加，只是添了兒孫幫忙跑堂。

街坊鄰居的傳言說，阿麟嫂始終一人獨掌大權，食堂的烹煮、財務都由她一人決定，個性頗堅持，後代也難插手。不過，傳說畢竟只是傳說，或許阿麟嫂堅持不假手他人，跟自己對於料理烹煮的自信與堅持有關。但我們也知離開了廚房的阿麟嫂，並不總是風光，也沒有兒孫滿堂，關店後，她獨自一人住在食堂旁，老舊低矮屋子的夾層中，上下就靠一只狹窄傾斜的樓梯。

對照於一人獨居的景況，在食堂裡，一幅恭賀當選模範母親的賀聯，掛在醒目的地方，或許是在讚譽作為料理女王的阿麟嫂，如何獨自撐起一家店的能力吧！

肉米蝦的最後登場

應該是在五年前，我最後一次去大新食堂。但其實萬物的衰老，都有個過程，先是客人漸少時，阿麟嫂不再賣太高檔的魚，後來，連招牌炒意麵，都由於屏東沒有適合的供應商，而使用的替代品，也炒不出原來的口味，想是連食材的供應鏈都出現斷層了。

有一段時間，阿麟嫂步履逐漸蹣跚、動作開始遲緩，俐落的刀工也開始趨緩，但從炸蝦炒料，她依舊可以勉力完成拿手菜肉米蝦，一邊尚有氣力推薦五柳枝。後來，阿麟嫂的兒子漸漸取代母親的角色，有漸能獨當一面的架勢。不料，二〇一八年前的一場急病，不出半月的時間，竟奪走了他的性命。安靜的露市巷中的大新食堂，不知道誰是第三代的阿麟嫂？要如何撐起這間老店的下一個幾十年。

大新食堂因此停業了。我後來到屏東夜市，有時會看到阿麟嫂獨作路旁矮凳，看著大門緊閉的食堂。那時我記得，阿麟嫂最後一次煮肉米蝦的樣子。那天，她將備料緩緩切好，依序炸蝦、炒料、入高湯，但最後調味時，卻反覆添補了幾次五賢醋與醬油，頻頻試味確認。

CH. 2

食物的記憶與鄉愁

露店與攤商的庶民點心——流動的臺南滋味

生活在臺南，用吃來探索府城、用食物來認識城市的歷史，更體會到如何用味道來想像空間。各種誘人的點心味，是臺南人的共同記憶，這些記憶之味也帶著空間屬性，跟著城市機能的擴展或者營商者的經營型態，成為移動的臺南味。這些味道的空間佈署，堆疊出一個看不見但聞得到、吃得到且流動中的城市。

我的研究室向外望，便可看到位在成功大學光復校區的小西門。原建於清乾隆時期的小西門，是在一九七〇年從原座落處搬遷到小東門城垣露遺址旁。我幾乎每天都會看到這座城門，但腦中想的，卻是許多耆老曾經跟我說過圍繞在這座城門旁的美味食物。

小西門旁擴及下大道附近，過去圍繞著諸多攤商，販售的美食道道可口，只是這些攤商大多在一九六〇年代因佔用道路而被一一拆除。我經常吃的阿娟咖哩飯，目前店址是在保安路上，但第一代店主李金井最初是設攤於小西腳。而以下大道為名，現已散置在全市各地的商販，多半也多源自於這個區域。

除了簡易的攤商之外，推著攤車的流動販售也相當普遍。我至少從欣欣餐廳的阿塗師口中，聽過推著攤車販售香腸熟肉、菜粽、虱目魚、白糖粿、炒鱔魚麵、八寶冰等食物。府前路上的第三代虱目魚湯門口，至今還停了輛攤車，便為第一代店主當年賣虱目魚丸的營生利器。

簡易攤位甚至流動販售，多半經營價格便宜、美味可口的點心生意，對於消費者而言，這些在街頭就可輕易取得的美食，也是造就攤商為何總覺得在路邊做生意是最佳選擇的原因。

百餘年前，西市場開張後，這個被認為現代化的新式市場，看似完美，但對於做飲食生意的人而言，新市場過午後就少人出入，於是「近皆移出於南側之魚市場外。甚然熱鬧。但是錯雜有礙道路。」日後西市場外有諸多攤商，恐怕也多是因為甚然熱鬧之故。

今日的西市場外，依舊有許多昔日露店性質改成的簡易攤商，恐怕都是在前述的歷史脈絡中形成的。不過，這些攤商，經常在都市規劃的治理語言中，獲致「有礙道路」以及不衛生的評價，甚至成為被積極管理的對象。

赤崁樓前的鎮傳四神湯，店裡一則說明文，介紹半世紀以來反覆在民族路與永福路之間搬遷五、六次的歷史，還特別點名蘇南成市長的角色，鎮傳店東所講的就是一九八〇年代民族路夜市攤商集體搬遷的事件。

露店與攤商美味之於臺南，體現出一種日常親近與都市治理的張力關係，於是經常見有遷移的現象，這座美味之都的歷史探索，因此就不能缺少流動滋味的視角。行走的臺南味，流動滋味的空間佈署，提醒我們觀察臺南城市空間的另一個視角。

以沙卡里巴與石舂臼為名——臺南美食的空間標識

隨著城市功能的改變，美食的佈署也跟著肆應，而有些卻因曾經匯聚出的意義，讓一處特定的空間或者地名，被賦予了另一層的意義，成為了美食的代名詞。在臺南，沙卡里巴與石精臼，就是那些聽了會激發食慾的地名。

石精臼位在赤崁樓旁、廣安宮前一帶，得名跟鄰近米街有關，石精臼是提供稻米舂臼的工具，廣安

宮前曾是商販聚集處，更是臺南點心匯聚之地。而沙卡里巴是過往臺南繁盛時代的代名詞，沙卡里巴為日文盛り場（Sakariba）之音，是個開設於一九三〇年代中期，複合了購物、娛樂與飲食的多功能消費空間，繼承了鄰近商業區的人稠商繁，熱鬧非凡。石精臼與沙卡里巴產生了許多征服饕客食慾的美食。

日治時期在佳里開設佳里醫院的吳新榮，常騎著車往臺南跑，他常在訪友或看完電影後，就在沙卡里巴大快朵頤一番。一九三八年的夏天，吳新榮帶兒子到沙卡里巴吃烤肉，他也約過友人看電影後，在沙卡里巴吃當歸鴨、鱔魚米粉、魷魚、雞絲麵與芒果。他最常吃的一道美食，就是鱔魚米粉。南部春夏氣候悶熱，最宜用鱔魚補氣虛，大火快炒的鱔魚脆嫩，酸甜醬料能開脾胃，吳新榮就說，吃了鱔魚米粉後「睡眠不足與疲勞飢餓，都能瞬間治癒。」

吳新榮吃過的鱔魚米粉還在嗎？我們其實不知道，但如同那些美味傳承與流動的臺南味故事，有個源於沙卡里巴的鱔魚廖，聽說跟晚近臺南炒鱔魚師傅都有著師承的關係。

半世紀前，隨著消費能力的提升，飲食型態的多樣性，沙卡里巴的發展鼎盛，即使是大小火災從未少過，但依舊是美味聚集的重要集散地，當時更有個特別的故事，更顯那處的旺盛活力。話說從日治時期就在沙卡里巴做生意的南吉燒鳥店，老闆鄭老吉熱心棒球，毫無保留的支持巨人少棒，組織出錢出力的的沙卡里巴眾攤商，隨著巨人隊四處遠征。一九七〇年代的沙卡里巴有著完全不輸臺北中華商場的魔力。

存在於沙卡里巴的美味，提供了繁盛而非日常的飲食經驗，因此經常牽繫著家族記憶，美味成為家人間連結的媒介，於是那些美食存在的場域也在對過往的追憶中，成為了不朽的味道。

隨著廣安宮改建以及海安路拓寬等不同因素的影響，沙卡里巴與石精臼的商況已非昔日，但或許是那些曾經的記憶太美好，許多離開沙卡里巴的攤商，還是以沙卡里巴與石精臼為名。如同已經搬遷到金華路的石精臼海產粥，或者位在保安路的茂雄肉圓，也在店招中大字寫上「原沙卡里巴」。

以沙卡里巴與石精臼為名，說明臺南人的美味記憶，如何轉化為空間型式，成為標註城市美食的具體印記，繼續存於我們的日常之間。我們也在沙卡里巴與石精臼的故事中，看見空間的認同如何成為飲食記憶的載體。

昔日在今日——追尋林百貨的味道

二〇一四年重新開幕的林百貨，召喚了日治時期的昔時風華，讓臺南在府城格局之外，更添昭和風的古典流行味，成為旅客造訪臺南的口袋景點之一。林百貨開幕於一九三二年，為臺南第一家的百貨公司，因其樓高五層，因此俗稱「五層樓仔」，落成時為臺南第一高樓，林百貨配備一部電梯，令顧客可穿梭在不同樓層。

我曾訪談過日治時期的林百貨店員石允忠先生，他回憶起那段在林百貨工作的時光，眼裡帶著晶亮，本該是陳舊的記憶，變得鮮明而清楚。他說起林百貨與鄰近的小出百貨的競爭，促發商販熱潮，令被稱為「銀座」末廣町一帶，繁盛至極。

石允忠談起員工日常，格外令人嚮往，尤其談了在五樓食堂的用餐經驗，那時他在百貨食堂搭伙，吃過飯糰、壽司、黑輪、咖哩飯與烏龍麵等料理。石允忠一定很懷念林百貨的飲食生活，因為這些食堂的日常時，對於當時許多臺灣人而言，價格並不日常。

那天，石允忠口中談及的林百貨食物，聽來相當可口令人神往，但那時只覺得此味已難尋，徒留遺憾。沒想到，幾年後，我竟然在西門路上的原沙淘宮前炭烤海鮮攤，找到了林百貨的味道。碳烤海鮮攤由一對兄妹在戰後初期開業，擺設在沙淘宮前的路邊攤生意。兄妹分別專精於日式與台式，因此我常吃的食物中，炒烏龍麵、蛋包飯、豆皮壽司、炸豬排、香油豬肝、蝦丸，加上一碗黑輪，便可知道以上的手路，包括了日本料理、和式洋食與臺菜。炸豬排他們稱「通咖滋」，屬於和風洋食，炸蝦丸改良自台菜八寶丸，香油豬肝則以麻油與糖醋味為主，這些妹妹的手路。

我是在某天跟著已經超過八十歲的前代女老闆聊天，才知道她就是當初的創業者，而熟悉日治和食與洋食的哥哥，原來是在林百貨食堂當學徒，他在海鮮攤做的食物，是來自林百貨食堂的手藝。我是在這個極其偶然的契機中，找到了林百貨食堂的餘味。

類似的故事，如同在孔廟對面營業的京園日本料理亦是如此。京園的第一代老闆，日本時代曾在洋食南方學藝，戰後則在都日本料理任職，因此而學會日本料理。自行開業後，最初在溫陵廟前的路邊攤，那時沒店名，後遷移至今忠義路現在渝苑川菜附近。三十幾年前，遷至建興國中旁，二十幾年前遷到現址，現任的老闆從那時接起舅舅傳下的棒子。

林百貨食堂、沙淘宮海鮮攤甚至京園日本料理的故事，讓我們看到這些本來在百貨、餐廳存在的日人滋味，在戰後用更為親民的路邊攤方式或者混雜了臺灣本地傳統的滋味，進入了臺南人的生活，也進一步的拼貼混雜了新的飲食組合，如同臺南的咖哩飯，可以配味增湯、鴨肉羹、土豆豬腳湯。

日治時期飲食之味在戰後的流動，在於轉換了一種新的佈署型態，也提供了脫離框架的混雜實驗場，讓所謂的日本料理進入了常民生活之中。林百貨的餘味告訴我們日治時期存在於那些餐廳料亭的和食與洋食，如何在戰後進到日常生活、城市角落的過程。

味覺的複層地景——祺豐師傅的鹽分地帶

離開府城往海邊去，被稱為鹽分地帶的地方，原是我的祖先生活的故鄉，他們是因為土地貧瘠缺乏發展機會而離開，將近一百年後，我卻很頻繁回到這片土地。

酷熱、豔陽、強風以及無處不帶有鹹味的鹽分地帶，是片相似度很高的人文自然地景，如同郭水潭寫〈廣闊的海——給出嫁的妹妹〉，裡頭說「那邊　露出來的／家家的　屋頂上／鴿子和麻雀都看不見／那邊　有鹽分的／乾巴巴的　土地上／沒有森林　也沒有竹叢。」怪不得，我阿公會離鄉去高雄。

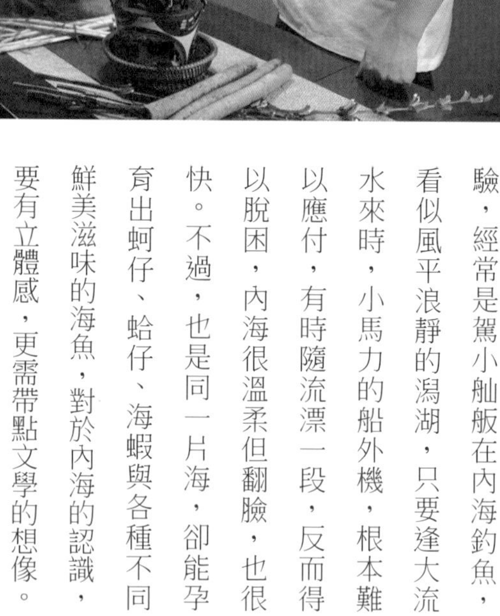

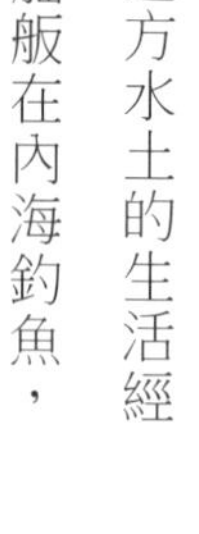

我年輕時在這方水土的生活經驗，經常是駕小舢舨在內海釣魚，看似風平浪靜的潟湖，只要逢大流水來時，小馬力的船外機，根本難以應付，有時隨流漂一段，反而得以脫困，內海很溫柔但翻臉，也很快。不過，也是同一片海，卻能孕育出蚵仔、蛤仔、海蝦與各種不同鮮美滋味的海魚，對於內海的認識，要有立體感，更需帶點文學的想像。

鹽分地帶種植的農作物，大多深鑽土壤之下，吸收飽滿的大地精華，平淡枯燥甚或「乾巴巴的土地上」下，是孕育出牛蒡、紅蘿蔔、紅蔥頭、蒜頭、蘆筍與西瓜的沃土，它們都帶著來自土地的甜味。美味在鹽分地帶的空間佈署，也能是深入土裡、垂直想像的複層地景。

人們很會組合這些來自水裡與田地的物產。加了蒜頭的學甲魚丸，轉換出糖分的蒜頭，讓看似衝突的滋味，作用出無比的和諧感。而紅蔥頭以及加工而成的蔥頭酥，堪稱台式料理中，甜味與香氣的首席代表。帶著不同甜味的牛蒡、紅蘿蔔與蘆筍，更讓人感受到這片風土實驗場中，甜與鹹的和解，是造物者最美好的安排。

食物是載體，不僅是紀錄脈絡，也能轉譯創造。而味道的排列更是情緒飽和堪比一篇情感豐沛的散文，味覺重組有時也像文體多變充滿想像的詩。因為工作而認識了林祺豐師傅，源於早年的扎實廚藝訓練與飲食田野調查，讓他練就自由出入甚至綜整各種烹飪方法論的能力。很榮幸邀請忙碌的他，調查鹽分地帶的食材與飲食，走入產地、拜訪農戶，思考鹽分地帶風土飲食的可能路徑。

他用「紅蔥蛋黃八寶丸佐鹽分蕃茄沙拉」、「蘆筍蚵仔油蔥碗粿佐蒜苗泡泡」、「虱目魚牛蒡芝麻魚餅」、「鬼馬蝦番麥包」等四道菜，企圖提取與組合鹽分地帶的食材，讓食物是追索海濱區域的味覺民族誌，又為複層地景食材的聚合與演繹的構造物。烹飪展演是場智識實作的過程，只是林祺豐的跨度，竟從實證的人文科學延展到抽象的美學領域。

料理原型取借於北門一帶常見的蚵仔碗粿的「蘆筍蚵仔油蔥碗粿佐蒜苗泡泡」，蘆筍與油蔥的香、甜滋味，結合了牡蠣鮮味，在這一片和諧氣氛中，再用蒜苗泡泡的微微嗆味，激活了鮮明的鹽分地帶性格。

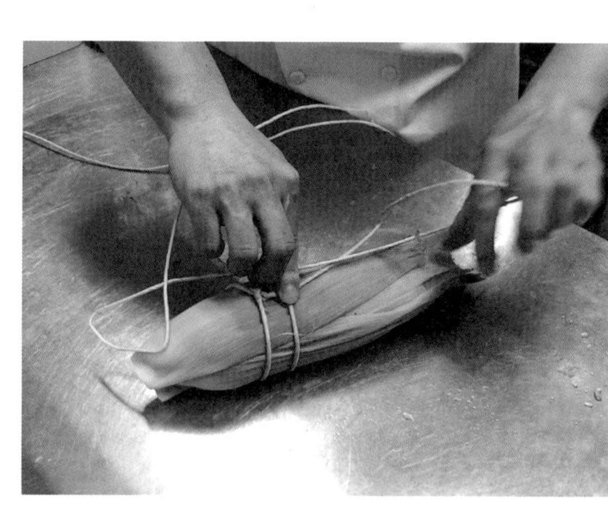

油蔥酥是臺灣料理的關鍵調味之物，也成為引導「紅蔥蛋黃八寶丸佐鹽分蕃茄沙拉」這道菜的關鍵，八寶丸意為多種食材化成一丸，盛宴之必須，越大顆顯得越大器。八寶丸的登場，經常是為了客人吃飽，甚至是打包回家，慰藉那些不能出席的家人。

林祺豐的八寶丸是我見過個頭最大的，光是鹹蛋黃就是足足一顆量，其他還有豬絞肉、花枝漿、菱角以及紅蔥酥等食材。其中，多味食材必須依靠媒介融合彼此關係，加之它的香氣又有種確切的存在感，紅蔥酥就扮演統合八寶為一丸的角色。

這一輪遍用了蕃茄、玉米與牛蒡等在地作物之後，就是虱目魚登場的時候了！關於虱目魚的傳說，已漸漸脫離了國姓爺、找到了來自東南亞的身世後，這尾臺南人養了四百年的魚，也有了當代滋味，新的養殖技術，讓虱目魚的風味更佳，而林師傅的「虱目魚牛蒡芝麻魚餅」，用了虱目魚漿、牛蒡、生蒜泥、芝麻等來自鹽分地帶的食材。

平實無奇的魚餅其實是魚肉生命的延續，如同魚漿是為了克服魚肉很難保鮮的困境，於是魚餅就如林佛兒說：「我們一直孳生也一直滅亡。在鹽分地帶。我們雖然粗糙，雖然卑微。但我們堅持，是一群永恆的自由顆粒，在貧瘠的土地上發光。」還有，沒有任何一種作物能真實演繹土地味，只有牛蒡，一口就把你帶回鹽分地帶。「鬼馬蝦番麥包」是自鹹糜而來的創意，虱目魚肚包著蝦漿再以玉米葉包裹，一同吸收了玉米的自然甜後上桌。

林祺豐師傅的手藝段數太高，於我就像是嘗試地方書寫形式的多元可能，對話很過癮，嘴巴更不得閒，那些滋味，一入口就讓我想到蘆竹溝、三股、二重港、中洲與西寮等地方。

味覺的複層地景，是流動的臺南味的另一種空間佈署，鹽分地帶豐饒之物先要打破我們對於乾巴巴土地的刻板想像，續而林祺豐師傅的料理，拼組了風土之物的故事之味，讓我們相信那些甜味終能超越苦鹹。

如同，郭水潭告訴我們，「天晴　無風的日子／會溫柔地　牽著你的手／讓你撿起海邊美麗的貝殼／佇立在那潔淨的海灘／你就會知道比陸地／多麼廣闊的海。」

與「阿」字輩的相遇

經常見專程來臺南的朋友，帶著愉快雀躍的心情，排了一長串的待吃名單，從早到晚持續吃，飲食生活充滿著速度與效率，一天下來就要調整皮帶腰圍。這樣的日子，在我十幾年前，剛到臺南的時候，也曾如此。直到我發現，須帶有一種辨識能力，才能從容吃且吃到臺南味精髓。

我的府城飲食經驗，經常引導我去尋找那些以「阿」為名或者以家姓為號的店家，又或者以小地名相稱的店家，如同阿和肉燥飯、郭家菜粽與康樂街牛肉湯。「阿」字輩的店家通常是品質的保證，也是體驗臺南文化最好的捷徑。

來臺南吃飯，從早到晚，早餐到宵夜，幾乎都有「很臺南」的味道可以期待，早餐有貴在新鮮的虱目魚與牛肉湯，碗粿、米糕、蝦然肉圓、香腸熟肉等各種點心，讓你在走走停停間，經過中午與午後，不知不覺的就吃下數種，至於在地流傳已久的盛宴，都有著與臺南文化等量齊觀的格局，即使是很像自助餐的飯桌仔，也有屬於臺南的特色。而這些全時段、早到晚的美味，通常都有著那些以「阿」為名的店，這些店共同扛起來了臺南美食之都的看板。

臺南人對於吃很堅持，很難被說服，始終認為我家巷口的最好吃，那些讓人說不出店名的老店，往往形塑了一個臺南人對於味道的認同。「阿」字輩的阿美、阿霞、阿星、阿憨、阿娟、阿和、阿全等，都以店主姓名為名，估計他們本來也都是其他人的巷口之店，更常以無名為名，一開始的生意可能也只是為了營生餬口，那裡談得上需要取個響亮的店名。因此，以「阿」為名的店，可能是最貼近臺南生活的味道。

「阿」字輩的店，通常不是什麼複雜的料理，更不需要過度包裝，講求品牌策略。以「阿」為名的店，經常是將有自信的家之味拿出成為對外販售之物，這類的食物，必須真材食料、細心烹製，一開始的銷售對象，很常是街坊鄰居，所以口味欠佳不賺錢便罷，丟了名聲，那個大家都認識的「阿」什麼的，根本難以立足於街坊間。以「阿」為名的店，因此非得專注於一心，將口味做到最佳。

「阿」字輩的店，多數沒有精美裝潢，也經常利用自有店面，但很執著於品質的堅持，「阿」字輩的店也不用過度溢美、吹噓些不切實際的傳說，而是切實的品質維持，以及那些只有她們才懂得生意經，例如我曾遇過一位賣青草茶的老闆，每一味青草都出自家裡田園，費工處理讓人費解，她可以選擇購買出自青草藥店的調配組合，更經濟更便宜，但她認為自己有閒也有田，為何要花錢買，然後那杯青草茶不過二、三十元。認識這些「阿」字輩的店，會讓人知道，臺南味是百般條件加總的集合，所以不是說說故事，就能讓味道豐滿，也不是純粹味覺感官的打動。

「阿」字輩的店，並非沒有危機，這是門辛苦的生意，從早到晚忙碌，下一代若有更好的出路，有時不想繼承家業，因此，「阿」字輩的店也有生命史，有時會終結。「阿」字輩的店的當代轉型，更是個複雜的問題，程度不下於古都臺南的現代化選擇，要將技藝、時間與美味兌現為價格，相當合理，臺南味不能總是扮演鄉土劇裡苦命輕賤的角色。

在臺南與「阿」字輩的相遇，通常等於遭遇美味的代名詞，但吃懂「阿」字輩的味道，就是進一步認識臺南的開始，要來臺南吃好料，就一起來參與我們的生活，臺南味的核心，不是味而是臺南。

為何賣粽子的總是叫阿婆

五月節、端午節近了，是全民吃粽子的日子，生活在臺南，粽子是日常食物，舊市區不算大，但賣粽子的店家，大約就有十幾間。每間粽子店，各有擁護者。因此，跟臺南人爭辯粽子誰家好吃，經常只是破壞朋友感情的徒勞之爭。

不過，更多的臺南人，說起吃粽子，唯一首選就是吃自家製的，如同林文月記得年輕時長輩常對她說：「女孩子要會蒸粿、包粽子，才能嫁人。」綁粽子應該是早年女性必備技能。

因此，我們在外頭店家買的粽子，可能原來都是某家之味，因為特定機緣才走上商品化之路。這些因為主動或被動的因素，成為商販之人的綁粽者，一開始都沒有視此為一門要有著隆重排場的大生意，因此連個基本的店號也都沒有。

她們最常被叫阿婆。阿婆粽子就成為她們的代稱，最後甚至變成店號，如同遠馨阿婆，位在僻靜的南寧路上，遠馨的店號是後來才有的，已經過世的楊珠女士是阿婆的創始人，她的故

事一開始是很辛苦的，報載她年輕時經常搬家，販售甘蔗、刨冰等，後來看到許多父母中午為孩子送餐盒很辛苦，於是想起自幼習得的包粽技術，因此改為販售自製的粽子，於是就這樣打響名號，那時她已是年近中年了。原來只在門口掛著粽子為記的店，就被人稱為阿婆粽子。

十幾年前，楠西與善化也各有出了名的阿婆粽子。楠西的江謹女士所包的粽子，只用豬肉、花生、菜脯等料。江謹說「炒豬肉加上菜脯，然後爆乾，湯汁則加到糯米上，蒸粽時，以龍眼木當柴火，煮出來的粽子自然好吃。」江謹的包粽工夫是跟先生學的，但後來「先生死後，兒子又因工作意外摔壞了腦子，她要照顧又聾又啞的公公，還得照顧兒子及二個孫子，她不願靠別人濟助過日子，再苦都要把親人留在身邊，又擔心出去做工，誤了公公吃午餐時間，於是賣起了粽子。」楠西阿婆粽子是媳婦撐起家計的故事。

還有一位住在大內的楊鳳治女士，二十幾年前，每天清晨坐車到善化，沿街叫賣粽子，其中還有市面已很少見的「豆粽」。需要擔起一家人生活重擔的她，因為「丈夫幾年前從龍眼樹跌下來，傷到脊椎骨而無法做較粗重的工作，兒子發生車禍傷到腦部。」於是全家生活只好靠楊鳳治賣粽子維持。

這些名為阿婆的粽子，都有著為生活打拼的情節，不過，不是每個綁粽子的阿婆，一開始就是阿婆，她們的手藝可能都不凡，但阿婆粽子名號的由來，也一定經過市場考驗後，時日一久，隨著年紀漸長才得有阿婆的稱號。

綁粽子很費工，備料繁瑣，講究者連油蔥都自己炸，清洗粽葉更是煩人，包粽過程看似靈巧細活，熟練者駕輕就熟，但聽說粽葉要掐得緊，最後更要綁得實，有菱有角，否則經水煮後會有潰散之虞。每個動作，都是輕巧間見力道。

每顆阿婆粽子，或許都有著一則臺灣女性堅毅的故事。

葉老吃菜粽

許多外來的朋友，以為臺南菜粽包裹素料，叉子剖開，才發現菜粽只包花生，並常以月桃葉為粽葉。菜粽的出現，我看倒不是什麼精雕細琢之後的手路鋪陳，便利而能填飽肚子，在外食便當還不是太普遍的時代，提供不少出外工作者的方便，應是菜粽得以日常化的重要理由。

菜粽慣以上午早餐提供為主，補足工作前必要的體力。以前「石舂臼一位賣菜粽的老闆，是空襲時被炸斷一隻手的人，他以一顆菜粽足有一台斤重為號召，並且以一般價格出售，吸引大批顧客。」葉石濤先生也曾說「一文錢可以買兩個菜粽」量足價廉很是菜粽的特色。各位現在只要去吃吃圓環頂的菜粽就知道什麼叫量足。

位在沙淘宮前鄭家菜粽，早期顧客是以西門路對面的大菜市的客人為主。而著名的海龍肉粽，年輕時曾在保安宮幫忙賣菜粽，當完日本兵從菲律賓回臺後，便在府城傳統市場水仙宮賣肉粽和菜粽。這些老字號，起家的生意都跟市場有關。想是提供來往的店家與客人飽食一頓之用。

一粒好吃的菜粽如何製成？大概如沙淘宮菜粽的鄭姓店東說：「糯米都來自西螺，完全不混雜其他米種或新舊混合，泡水半小時後，包入粽子煮六至七小時，吃來有嚼勁又不黏膩，也容易消化。粽子用月桃葉包裹，具有健脾暖胃、不易漲氣的作用，更有一股特殊的月桃葉香氣。」

「粽子上滿滿全是土豆仁，接著淋上香油、醬油膏與香菜，極佳的賣相令人食指大動。鄭世南堅持不撒花生粉當配料，只以香油提味。他說，花生粉容易掩蓋粽子的原味，所以不適合。土豆仁要選用軟仁且烹煮之前先泡水，直到粉色外膜脫落，不然會影響口感，更會將粽子染成淺紅色，破壞美觀。」

曾經說出臺南「是個適於人們作夢、幹活、戀愛、結婚、悠然過日子的好地方」的葉石濤，無疑是臺南菜粽最佳的代言人。葉老寫過一篇〈吃菜粽〉，鮮活寫出臺南人安頓於美好食物的愜意生活。葉老說「我家附近既然是鬧區，賣菜粽的攤子特別多。我每天換一家吃，終於發現了最好的菜粽是離我家最遠的下大道廟前的一個攤子。」當然為何好吃？不外乎是特別大顆、花生多，「那糯米和花生米蒸得黏軟恰到好處，有入口就化的感覺。」搭配一碗鮮美如魚湯的味增湯，一頓早餐的花費，只不過是十五元而已。葉老自從發現這間店之後，「常常在深夜裏，我會慢慢一個人踱到這兒來吃一粒粽子喝一碗熱湯，才有過完了一天的感覺。」一天之滿足，以菜粽為記，葉老愛吃的那顆菜粽，很讓人心嚮往之。

不過，關於吃菜粽，我最喜歡〈兩粒菜粽 三尾虱目魚〉，這篇文章，應該要列為臺南人必讀才對。故事是說葉石濤應母親託付，在物資受到嚴格管制的時代，到海邊的親友家要幾尾拜拜用的虱目魚。這等行為在物資配給的時局，算是黑市交易，當時擔任老師的葉老，冒著被安上非國民罪名的風險，小心翼翼的完成任務。

親友早已備好虱目魚。然後跟葉老說：「我帶你去吃一樣好東西。你餓了吧？」沒想到從食櫥拿出來的就是菜粽。葉老寫著：「這兩、三年來粽子在市面上絕跡，連過端午節時也很難吃得到。看到粽子我雙眼發亮，口水不停地流出來。」、「這是鄰居做的。我可是昨天用兩隻大紅蟳去換來的喔？特地留下還給你吃的。」（不是一文錢兩顆嗎？）

「有好多花生！伊在上面撒了些香菜，澆了醬油推給我。我聞到一股糯米和花生特有的香氣，飢腸轆轆也忘記了應該謝謝阿玉才動筷子。一下子就吃光了。那美妙的滋味使口腔生香，我意猶未盡，眼巴巴的望著空碟子發呆。」

五十年後，葉老想起那一天「吃到的這兩粒菜粽的美味，一直留在衰老褪色的記憶裡那麼鮮明。有時候滿桌山珍海味當前也覺得比不上那味淡簡樸的兩粒菜粽。」菜粽對於臺南人不朽的存在，應當如葉老所說。

原來，在戰爭末期最危急時，我們曾經差點失去菜粽。

寄往綠島的粽子

疫情下，南來北往不容易，傳統大節日，只能就地掩護，不來往為宜，於是粽子就寄託給物流車，載送給遠方的家人。這讓我想到一則往事。

將近二十年前，協助整理柯旗化老師的獄中家書，聽柯媽媽講著那些一九六〇年代的故事，常常是安靜的午後，但情緒都有很大的起伏。

柯媽媽曾談及如何寄送生活必需品給柯老師，這些物資包括營養品、藥品或者各種可耐放的食物。當時監禁在綠島者有許多醫生，但因獄中醫療環境不佳，醫師們因此開藥單請人代購郵寄。因為《新英文法》所帶來的收益，柯老師得以將這些來自高雄的物資跟許多朋友分享。

對於被監禁者來說，失去自由，能夠滿足欲望著，好好吃真的很重要，反之，那就是對被監禁者最後的剝奪了。我看過在獄中，最能享有飲食生活者，應該是雷震了，在他的日記中，幾乎每天都有關於飲食的紀錄，也經常寫著家人帶來的食物，黃魚、牛肉與鯗魚，他還曾在獄中製作火腿。每逢端午節，雷震收到的粽子，多到可以分給獄友與監獄官。

相同的端午節，柯媽媽也想將粽子寄往綠島，但我很好奇，在還沒有冷鏈物流的時代，粽子如何經得起幾天的寄送。柯媽媽說，長期經驗累積，她都可以掌握如何用最短的時間，用限時包裹將物資寄送到綠島。但以當時的條件來說，最快依舊要花上三到五天。愛心粽子，如何如質送達，就有了很多變數。

接獲粽子的柯老師一定很高興，他給柯媽媽的信就說：「您做的粽子很好吃，如果方便，來接見時請順便帶二十個左右來好嗎？」收到粽子後，柯旗化將之「託廚房蒸好後跟大家一起吃，味道很好」。

柯媽媽有時利用冬天氣溫較低時寄送粽子，另外，每年端午節也會寄送，不過，端午時氣溫已高，食物變質機會大增，如同柯老師也說：「再過半個月端午節就要到了，記得往年端午節，您常以限時包裹寄粽子來，但因郵遞費時仍無法保持不壞，因此今年請切勿寄粽子……。」柯媽媽依舊想在端午節，給柯老師及其朋友能有品嚐粽子的機會——粽子的意義不屬於屈原，而是給家人的。

在那些來往都寫著匆念的柯家書信中，對家人的掛念，應該也寄託在這些來自家中的味道吧。粽子分南北粽甜鹹味，但寄往綠島的粽子，是帶著想念家人與渴望自由的滋味。

也可以不吃粽子的端午節——安平煎䭔

因為工作之故，經常翻看一九五〇年代的《臺南文化》，讀過當時職業為醫生且曾擔任市議員的文獻會委員顏興的文章，那篇談煎䭔的文章，把安平人口中說的煎「嗲」，寫得很精彩。故事是關於安平人端午節不綁粽子，而吃煎䭔。

顏興先說煎䭔分有甜鹹兩種「主要的配料，是米漿，或用麵粉，蕃薯粉和水攪合也可以。」看起來就是粉漿類製品，怪不得安平賣蚵仔煎的店家，說起自己的故事，就說跟煎䭔有關。顏興又說：「甜的用米漿加入適量的糖和冬瓜糖、花生仁便行了。鹹的其他配料較多，有豬肉糜，蝦（或蝦乾）蚵（牡蠣）、扁魚、香菇、筍絲、蔥酥等，把各項配料攪勻，放入盛著豬油或花生油於鍋內，用銅勺子或竹勺子，掬起攪勻的漿科，放入油鍋裏，火熱油滾，香味撲鼻……。」

顏興第一次吃煎䭔是在一九三一年的泉州。那是位病患「……來院長住求治。過了兩三天便是端午節。節前一天，她託人買了許多煎䭔的配料，借了爐鍋，在院內大煎其䭔。煎成了，她端了一大盤送給我們全家的人吃。」事實上，泉州至今還有此習俗，病患告訴顏興「據前輩告訴我們，說煎䭔可以補天。」至於什麼原因也沒能說清楚。

後來有位泉州文友告訴顏興，煎䭔習俗跟鄭成功有關。話說清帝國為對付鄭成功而行海禁遷界，「那時適逢端午節前後，大家在旅途過節，只好把帶在身邊的什糧，隨便煎䭔過節，同時也可以當乾糧吃。嗣後南安遷界的患難同胞們，每逢端午節，便煎䭔以紀念他們的遭際。」顏興聽了也納悶，只說遷界又不僅南安，何獨習俗僅在此處流傳。不過，閩南一帶居民仰賴蕃薯粉，連傳說裡的流離劇情，都還可以搬出用上蕃薯粉的煎䭔。

後來顏興回臺灣，盟機襲臺疏開到開元寺北溪畔，克難中還在醫治患者，「患著相當嚴重的角膜潰瘍，……。在端午節那天，他卻帶來了兩盒煎䭔，一盒做他們自己的中餐，另一盒卻恭恭敬敬地送給我吃，」十幾年前吃過的煎䭔又找上了顏興，但陳先生也不明吃煎䭔的典故。

最後的答案，顏興又過了八年才知道。有位原居於安平的患者，無意中聽到顏興詢問他人煎䭔傳統，這位十二歲之前在泉州生活的鄧姓患者，於是說了年幼時在安平聽說的煎䭔故事。當年他在唻記洋行當小夥記，認識對於歷史典故很有研究的廖煥章，據說他得了一部筆記—《毛紅籠城記》，裡頭就寫了與鄭成功有關的安平煎䭔。鄧老說：

那時鄭成功沒有多帶米糧到了臺灣所有臺灣出產的五穀已盡被紅毛收藏在紅毛城內，曾派人向四鄉收購米糧仍不敷軍食，為安軍心，乃派兵向民間徵糧，一時豆類，蕃薯籤等，都徵供軍用。那時適遇「五日節」，家家既慶光復，又逢例節，可惜沒有米可以縛粽子，只好將所有的蕃薯粉打漿，加糖或蚵、蝦等海邊出產，煎餡以代粽子。至十二月紅毛投降，被趕出臺灣了。明年五月初一，恰遇鄭成功在安平王城逝世，城內外禁煙火誌哀，是以大家只好以炭當薪，當時雖有米可以縛粽，但遇禁煙火。又不得大事鋪張，乃仍以煎餡過節，並以誌哀悼。嗣後安平年年就以五月初五併為國姓公歸天的紀念，家家戶戶，煎餡過節，乃相延成俗。

泉州的遷界刻苦經驗跟紀念國姓爺的傳說很不同，不知道安平人是用何種心情，面對徵用米糧的王師或者哀悼國姓爺的離世，但兩段情節都可見刻苦生活中，蕃薯粉上場的時候，也知道隨意煎成的煎䭔，絕對比煠或炊粽子節省薪材。

我們或許把煎䭔的習俗，理解為安平人共度生命中兩個困難的端午節，產生的共同記憶，這個故事比較有在地性。然後，我們也可以為此，可以在粽子之外，有更多的選擇，過個也可以不吃粽子的端午節。當然，一定要感謝顏興，鍥而不捨追了二十年，才有這個安平煎䭔的故事。

成了家的福州麵——屏東福記

福州麵，全台都有，但長得都不同。臺北的福州麵，是碗乾淨簡單的味道，醬油蝦油拌點麵加上一點青蔥，其餘就靠食客加辣添醋，增添風味。

福州麵，它應該是福州移民，沒有田園為依，也可能沒有家族奧援，就以「剪刀菜刀剃頭刀」等裁縫、廚藝與理髮為業，進而煮出的一碗麵。福州麵的原型在福州長怎

樣，沒人考證，但福州麵在臺灣，比較像是他稱，大概是眾人對於福州人賣麵的寬泛的稱呼。在民生尚且困頓的年代裡，那碗麵足以滿足許多人，逯耀東先生的文章裡，提起年少時的那碗福州麵，我閱讀時嘴裡就流著口水。

福州麵，不知是否有原鄉的典範可依循，但在臺灣，這碗移民語境下的簡單乾麵，大致上沿著如何做出一碗好吃又便宜的麵為原則，於是這一碗又一碗，但卻各地形貌不一的福州麵，就這樣產生。

我從小吃到大的福記扁食，位於屏東夜市，第一代老闆來自福州，聽說日常都穿著唐裝，腳著包鞋，日治時期就來到屏東，原先挑著擔子在露市以賣扁食為業。後來開了店，開始賣魚丸，開始賣麵，生意越來越好。靠著這碗麵、扁食魚丸湯，結婚成家，以此養活了六個孩子。這碗也被稱為福州麵的麵食，白麵上有點肉片還澆淋了點肉燥，一聽就跟臺北不同，也顯然豐盛許多。

目前的老闆陳先生，七十歲，第二代，他在第一代老闆五十歲時才出生，從小被期許要脫離家業，因此被刻意栽培讀了高中，但他說從小玩泥巴，就能用輕巧的手藝，擠出一顆又一顆的泥巴魚丸，書是讀了，但他終究還是接了家業。

那碗麵在他手裡有了變化，一點榨菜一點蘿蔔乾讓口味更豐富。這還是一碗福州麵嗎？這跟建中林家乾麵差異太大，甚至跟父親的那一碗也有點不同。

福州麵因為特定時代而起，而它們的生命，應該也隨著時間長大，成了家的福州麵，或許就有了不同的樣貌。

民族路夜市的鮮魚們——臺南竹海產

赤崁樓一帶，也是臺南點心美食匯聚之地，白天我常在福泰飯桌，也有時在清子香腸熟肉，但若是晚上的時間，我多半在竹海產吃飯。一年總會吃上十餘回，我被許多老派作風給吸引，竹海產的每一道菜，都像是被老闆養大的孩子，但它們形貌依舊、火熱如昔，提醒我們竹海產曾經看顧過民族路夜市的輝煌歲月。

平常日夜晚的赤崁樓，民族路上經常是安靜的，說是舒服也略為清冷，那附近是臺南美食熱區，店家開關來去平常，有的像是肉燥飯帶著炭培香氣的

泰山飯店飯桌早已歇業，或者如清子香腸熟肉已在那附近做了七十年生意。但作為古都意象代表之一的赤崁樓，當然也得附庸上許多文創新味，那才是民族路附近最吸睛的飲食風景。竹海產那片略為老派的招牌，很難吸引遊客的目光。

我經常在民族路吃飯，但那些店多半不起眼，遊客走過，都帶著好奇的眼光，看看那些自己不懂的食物。我因此經常在清子香腸熟肉，努力表現出大快朵頤的樣子，希望不曾嘗試的人，念在我的賣力演出，要能相信那些食物的美味。但，經常遇到遊客，開口就跟清子阿姨說，「我要一碗牛肉湯！」淡定的清子很習慣了，淡淡的指著旁邊店家說「牛肉湯在隔壁。」是的，牛肉湯這十年來，可說是大出風頭。

竹海產已經開業很久，老到可以說整條街的歷史，老闆強調，上一代父親創業時，就在目前店址做生意，已經超過六十年。而在四十幾年前，民族路夜市盛況空前，滿

滿的攤商與人流，那時是竹海產的全盛期。他們說起那段歷史，語調高昂，臉上都會出現笑容。

營業這麼久的竹海產，好吃嗎？他們燒一尾紅燒魚，不用蕃茄醬的甜酸味來討好客人，平衡取用醬油、烏醋與白糖的傳統路數，考驗師傅手藝的精準度。那尾紅燒魚，菜腳豐富，筍片、肉片與豬肝，滿滿配料，圍繞著炸得直挺挺的海石鯽魚。不過是保住過往氣派的紅燒魚，已經被當代食客視為奇觀了！

我的竹海產定番菜色，還有炒鱔魚意麵、炸蝦捲、五味章魚、魚蛋沙拉、烤香腸等。這些冷盤，最宜於常夏的臺南。其中，最嗜吃五味章魚，這固然是因為五味醬實在太適合夏天，但關鍵還在於好章魚難得，我經常在澎湖吃章魚，但在臺灣則是刻意避免，一方面是許多日本料理店，多用日本真空冷凍章魚，個頭大口感也不差，但風味實在差太多，而在竹海產，老闆只挑新鮮貨色，然後憑藉著甩打功夫，鬆開經常過韌過硬的章魚肉，再用一點滾水清燙，才能成就海味滿盈但柔軟好食的章魚。

我被竹海產吸引，是因為任何人從亭仔腳走過，都會被擺在店門口，滿滿現流貨色的海鮮給吸引，冰櫃裡的魚種少說十幾種以上，全是野生好物，論質說量都是一等一的好。於是看了那滿櫃子的魚，我就自然走進店裡了。一試就成了主顧。許多人更不知道，那豐盛的滿滿海鮮，是老闆白天奔忙的結果，我經常中午在清子吃飯時，就看到老闆開始將買回的海產，逐步放入冰櫃中。這份工作，從一大早開始，直到深夜結束，承接這樣的家業，該說是幸福嗎？

竹海產的海鮮，不僅品項多而美，而且價格跨距驚人，高貴者有野生的手釣紅條，也有易生阿摩尼亞味的魟魚或者肉質有點粗糙的皮刀魚，兩相價格恐怕差距有三倍之多。我有時點菜時，先點了美味、高價的蝦蟹，正在尋思該點什麼魚，老闆經常建議選擇蔭豆鼓皮刀比較經濟，那時我都會忘了老闆是生意人。

沒有什麼客人的夜裡，我總是坐在緊鄰民族路旁的那張桌子，看著燈光打著異常明亮的店，那時我會想，明明客人已經沒有那麼多，每天還是用各種海鮮把冷藏櫃塞滿的老闆，是用什麼樣的心情做生意呢？

這些待在冷藏櫃裡，曾經迎著民族路夜市盛況的鮮魚們，或如同紅燒魚的調味始終堅持，說到底都是這些不管如何，都用著同樣態度做生意的臺南味守護者，才能如此吧！

咖啡不礙胃法則——高雄小堤咖啡

走逛高雄鹽埕埔如漫步府城一樣，往巷子裡走，一定沒錯。許多有趣的店家，舊居民生活情調大多是在此間才能尋得。鹽埕街四十巷，是條約莫五米寬的小巷，相當不起眼，但就有間從六八年開業至今的咖啡店，名為小堤。

老店誕生之初，正好是高雄加工出口區活力最為旺盛的年代，派駐臺灣工作的日本工程師，大多住在當時高雄最熱鬧的鹽埕區。小堤的咖啡烘培與煮泡技術就是得自於日本人。

我前往的那天，客人僅我一人，老闆娘開口問「冷的還是熱的？酸的還是不酸？」態度有點酷酷的。那就：「熱的、不酸」。

冷漠的她開始準備那套虹吸式咖啡壺的用具時，我已經武裝起來，心裡盤算要如何切入，準備要來激激老闆娘了。

看見酒精燈讓水煮沸後，還讓咖啡粉在滾水中煮了大約二十秒，我說「不是聽說咖啡沖泡

小堤
咖啡冷飲
小堤
小堤

小堤
07-5319227

水溫不能太高？」，「那是因為外面的咖啡不好。」

我又繼續耍白痴問，人家咖啡有分義式的啊，單品的啊，「那你們這個是那一種？」老闆娘又說「我們就是分酸的跟不酸，好喝不用分好幾種。」

哈哈，都是我要的答案。這些答案背後反映的，正是店家的自信，一家店從開幕到今天，依舊沒有覺得要從俗而變，其實都是有道理的。

後來老闆娘用台語問我「吃飽沒？」，我說還沒。她就問我要吃散蛋還是荷包蛋？於是她就煎了一份火腿與荷包蛋給我，上面淋上點清醬油。

他說以前日本人多時是用水煮蛋，但臺灣人愛吃煎蛋，所以改為荷包蛋。她又接著說，喝咖啡之前要吃點東西，才不會「礙胃」，跟知名麥茶廣告的訴求一樣。喝咖啡的道理與方法，不見得總是跟上洋派語言與文青風格，不空腹喝咖啡就跟你我小時被告誡不要空腹喝茶是一樣的道理。

四十年的店，不算特別久，經年不變的日常，來自店家所深信的生活文化。那樣的一杯格外憂口的咖啡，其實已經不僅是一杯咖啡了。

後山的鰻魚蛋捲——花蓮一味屋洄瀾

有次為了準備一場在東部的演講，提前一天抵達，問了友人竹山老師，晚餐有何推薦？後來，我就走了半小時路到了一味屋。六點前到了店裡，只有我一人獨占板前，前方活水流動的水族箱裡，養著活生蠔，置放生魚的冷藏櫃中，除了尋常貨色，我還看見了幾件特別的食材。我仔細看了菜單，有著似曾相識的熟悉感，感覺跟以前在臺北常去的某間日本料理店有著相同的菜色。

我先點了一份上選握壽司，試試基本功，六貫一盤，我看見了其中包括鹿兒島鯖魚、富山螢烏賊，飽含油脂的鯖魚，用以細切刀工，讓那一口魚片可以被更細緻的咀嚼，白身魚的細肉與脂香被體現的更清楚，只有那種緯度的鯖魚有那樣的風味。

我終於禁不住好奇心的問了。「你們跟臺北的乙味屋有關嗎？」板前長說「我是他的徒弟」。我終於確定菜單中，識別度很高的波菜蛋捲、鰻魚蛋捲都是系出同門，那便是我曾經常光顧的臺北乙味屋。

位在台視旁小巷的乙味屋，老闆馬沙教過許多徒弟，從他在延平北路開店時，就是名店。十幾年前搬遷到八德路巷內，我便經常造訪，他的親子丼風味絕佳，餐後提供現打果汁也是特色，約當八、九年前，我已南下定居，再返尋味，已經歇業。今天聽老闆說，後來老店在女兒主持下，轉到百貨美食街，轉作簡單的丼飯，但沒能成功，而馬沙已經在兩年前過世了。

馬沙是個敢於用料且處理精準的日本料理老師傅，以前店內，便經常有著令人驚艷的好材料，時常推薦，也從未讓人失望。那天看見那六貫握壽司，嚐那一口富山螢烏賊握壽司，風味十足而口感細緻，有種已逝的馬沙正在對我說話的感覺。

我問板前李師傅為何要到花蓮開店？是花蓮人嗎？

他不是花蓮人，只是因為嚮往有品質的生活而到東部。臺北日本料理店是個講求交際的場域，每個都是花得起錢的客人，遇上會喝的師傅，通常板前內外的師傅與客人對飲，一晚喝下來就不少，客人是一段時間來一次，而師傅卻要天天這樣喝，哪有幾個人受得了？於是李師傅就到花蓮尋求新生活。

我問李師傅以前在師傅那邊學藝的狀況，細節從簡，但終歸一句，就是嚴格。沒錯，站在板前的馬沙，總是一臉嚴肅，威儀如軍人，然而，出了板前跟客人打招呼時，卻像個慈祥的爺爺，很難想像那是同一人。馬沙就是這樣的人，待徒弟嚴格，但學成之後，出去開店，卻總是讓徒弟用自己的店名。

像是馬沙那樣的大師傅，料理魚貨氣勢十足，我看過他處理貝類，一把刀舉得老高，找到施力點，手臂一轉，難纏硬殼應聲而開，後將緊實的貝肉，重甩幾下，輕畫數刀，那脆口彈牙的濃郁貝味，到今天還留在我的記憶裡。

馬沙最重食材。於是我終於知道，花蓮博愛街的一味屋為何有富山螢烏賊、鹿兒島鯖魚，聽說有時還會有大分沙丁魚。其實那些材料，花蓮都沒有，李師傅都是拜託臺北的師兄弟寄下來。李師傅一直謹遵著馬沙的交代，一味屋就是乙味屋，只是不清楚花蓮的朋友是否知道？

當我已經七、八分飽時，依舊想回味以前我最常吃的鰻魚蛋捲，那是由日式煎蛋包著鰻魚的簡單食物，最適合給那時年紀尚幼的我們家小孩吃。我只是想要重新回味那味道，但一口吃下，我幾乎快要噴淚了，那就是馬沙的味道。那一小口的鰻魚，綻放出足以和蛋捲匹敵的味道。

老闆後來端上一小碟，作為下酒點心，那是一口烤鰻魚肝腸，是老闆每天親手處理鰻魚時，自己留下來的私房菜。馬沙，你的徒弟真沒忘記你的教訓與功夫，鰻魚還是現殺親手處理，沒有因為只是要包入蛋捲，而用了加工浦燒鰻，含糊了事。

後來，我到花蓮，總把一味屋成一個必去的行程，直到停業為止。

CH.3 百味風土材

一顆肉圓的新生——苗栗苑裡金光肉圓

金光肉圓，是間開了三代、五十年的老店，店址原位於幾年前遭祝融之災的苑裡菜市場內，災後搬到老家營業，顧客依舊川流不息。

這幾年經常到苑裡，跟在地年輕人組成的掀海風團隊有些合作。有次，跟一群充滿能量、關心市場未來的年輕朋友分享，肉圓店的老闆特別放下生意，跑到高鐵站來載我。

三十幾歲的年輕老闆，認同掀海風

青年們的行動，而他也是個關心市場將來如何重建的人，在他的想法中，市場如何帶著歷史重新尋找生命，為苑裡帶來新的可能，是件重要的事。另外，一個返家接手涼麵生意的台積電工程師也是。

一路上，我們聊著肉圓生意。我好奇於這樣一間老店，阿公留下來的味道，他要如何照顧與看待。光談到肉圓皮原料，我們就講了十分鐘。

例如，米粉與地瓜粉的比例，決定了口感的彈性與軟硬，以及透明度，原料不斷改變，進口與本地的地瓜粉不同，口感如何維持，就是門學問。他必須在不同條件的地瓜粉中，找到適合的原料，運用價格較貴彰化產的地瓜粉，是其中關鍵。他又說了豬肉，為了保持鮮度與品質的穩定，找了大廠提供的後腿肉，再經過兩次絞製而成。在他的口中，維持傳統，不是墨守成規，而是要能在不

同的條件中，思考與鑽研，五十年的味道，才能依舊。

他也說了不用超過食用安全標準硫磺薰蒸的筍丁，寧可用較高的價格，購買鹽水煮製的產品。他又說肉圓蒸熟後，需用約莫百餘度油溫的豬油浸泡，是肉圓有香味的重要關鍵。幾年前，油品發生食安危機，豬油一桶漲到一千八百元，混了其他油品的調和油一桶一千二百元，陳先生想想乾脆自己炸豬油，品質更有保障。

老闆講了自己的想法，捨美耐皿餐具不用，改用成本多四倍的不鏽鋼碗，改掉人工洗碗，而購置洗碗機。為此，也被長輩的抱怨年輕人接班，很會花錢。

我聽他說了許多，於是趕在演講前，硬是去吃了一顆肉圓，肉圓只包了豬肉與筍丁，淋上米漿、辣椒醬與醬油，灑上一點蒜苗細絲，那是顆配料、大小都適宜於苑裡小鎮的肉圓，簡單美味而不浮誇。

回程的路上，我一直想著陳老闆做的事，他用了許多進步的方法，以維繫傳統的風味。如同他對舊市場的未來，也有著他的想法。

他想要回復傳統市場，他也想要回去做生意，但不見得一定要讓油煙再度滿佈其中。見多識廣的他，就覺得或許將來在市場經營與本店區隔的冷凍外帶品也說不定，市場的再生，都還尚待許多類似意見的交會。

第三代接手的金光肉圓，看似一成不變，但實則已是一顆再生的肉圓，夾雜著傳統元素與現代方法，這或許就是苑裡舊市場邁向重建過程的練習曲吧。

如同人生味的車輪茄——台中和平山裡見

往大安溪上游的泰雅部落，不是南北要道途徑的經過之處，也沒有通向所謂的觀光勝地，於是那處是可得清靜與優閒的好去處，有回經由友人王南琦引介，便住在士林，攔河堰附近的桃山部落的山裡見。

臺東出生、彰化長大的老潘，母親是阿美族人，經營一塊小天地，名為「山裡見」。他擅長以廢棄鐵件為素材進行創作，一屋子的縫紉機、磅秤、車牌與電話機等收藏與擺設，每件都有個與人生呼應的故事。

山裡見，經常大門深鎖，一塊說明牌，跟厚重的大門一樣決絕，指明平常日是創作的時間，不要打擾。老潘原是兒童美術老師，但看見太多愛畫畫的孩子，被父母期待比賽成績後，而扼殺自由創作的靈感，脫離那做了十六年的工作，是追求心靈自由的關鍵一步。後來，他潛心鐵件創作，固定到草屯療養院當藝術治療的志工，也在附近國小帶孩子藝術創作。

山裡見的女主人嫚嫚，提供以部落食材為主的無菜單料理。她來自飲食業家庭，從國中起，就在廚房幫忙，長時間被綁住，每日做一樣的食物，為薄利而奮鬥，味道只求標準而快速。

兩人結婚後，嫚嫚毅然決然搬來部落，但依舊離不開食物，

最初以提供簡餐為主，每天都是在廚房中，忙於製作一樣的食物。後來，因為老潘的提醒，決定以藝術創作的精神，經營只在假日營業，提供預約制的無菜單料理。

於是，山裡見變成兩人的創作空間，但顯然兩人都更快樂了。我在山裡見的兩天，嫚嫚多數時間都在廚房裡。她說偶爾母親會來幫忙，那些以前慣用的調味，母親依舊堅持，只是廚房的主人已經是嫚嫚，要誘引出烤雞腿的香味，已不是醬油胡椒等醃料，而種植在山裡見的肉桂與菖蒲，只是極細微的添加，一支烤雞腿就專屬於桃山部落的山裡見。

嫚嫚為了幫無菜單料理添加新菜色，每天都絞盡腦汁思考新菜，一套八道的套餐，要能演繹桃山部落的地產風土。先是一杯隨意摘取各式薄荷與香料的清涼氣泡水，洗淨了口腔內的殘留百味後，一盤以在地的新鮮蔬菜為主搭上柿子的沙拉上桌，是跟在地風土自然的遭逢。此後的料裡，要不是手工製作的麵包，或者如裹上棉花糖的炸地瓜球，增添了綿密的口感。大致上，手工親製、風土食材乃至創意搭配，就是山裡見無菜單料理的基本架構。

我特別喜歡小米醃製的烤鹹豬肉配上麻糬，鹹豬肉是油與鹹的對抗，但小米讓兩者講和了，如何的滋味，相當讓人驚艷。用著一個小碟子上桌的車輪茄，乍看相當不起眼，但卻是菜單中固定的主角，車輪茄的味道果真如嫚嫚所言，苦味到極致而回甘。她說這車輪茄的滋味，宛如人生味。我吃完後，久久不能說話，太苦或者太甘，已經無法言傳。

老潘今年五十五歲，剛見面就自稱老潘，而牽手嫚嫚，小他十歲，兩人是專科同學，但在幾年前重遇而結婚。把苦中帶甘的車輪茄，視為山裡見的招牌，體現的是中年結婚、嚐盡人生百味之心境。

宛若盛宴的肉圓——彰化北門口肉圓

如同在臺南不會跟人戰牛肉湯，我在中部也不敢跟人戰肉圓。從佳里一直北上到苑裡，這條南北超過百公里的區域，油泡肉圓風格一致，但撥開那層皮，內餡都不同，吃肉圓的趣味，也就在那裡料入口的一瞬間。

我經常南來北往，如果時間許可，通常中停之地，就是彰化。因為在彰化短暫停留時，出了車站，只要步行幾分鐘，就能找到好吃的肉圓，特別是長安街與陳稜路交叉口附近，就有阿璋、阿章與正彰化等知名肉圓

店。但我卻經常出了車站往北走，直奔位在中正路的北門口肉圓。

記得第一次到北門口，才到店門口，馬上就被嚇到。店裡的肉圓，個頭碩大，炸好後都能站得挺挺的神氣十足，中間那油鍋，沸騰滾燙著，肉圓在裡頭不斷轉身，老闆雖不時翻動，但依舊有部份炸得微焦。這顆肉圓是正宗油炸而成，像是讓油恢復原有的尊嚴，馬力十足，跟油泡肉圓完全不同。

門庭若市的北門口肉圓，店裡經常坐滿了人，我常在一張小桌上，跟其他人併桌，感覺侷促小位不能自在，但見肉圓分大小兩種，售價分別是一百元與五十元兩種。毫不遲疑，我一定都是百元肉圓即刻下單。

所有的肉圓在剛上桌時，都無法度其縱深，一百元的肉圓除了比較大顆，目視也看

不出更多的特色。但當第一口略嫌脆焦的肉圓入口後，我覺得這顆肉圓就算賣兩百元，我也吃！那是因為過於滾燙的油，讓外皮變脆，但內裡依舊讓地瓜粉、太白粉與米漿製成的肉圓皮，保持Q嫩的口感，口感反差極有趣味。

肉圓內料在高溫油炸的逼脆下，豐富的餡料：豬後腿肉、干貝、中興嶺香菇與蛋的香氣，全被釋放出來，且完全不經水分介質的稀釋，我在撥開外皮時，就已聞到干貝與香菇的香氣，這是前所未有的經驗。

彰化肉圓店家多，各自喜好不同，但北門口肉圓，很具自我特色，即便我估計這百元肉圓大概很難作為日常點心，但卻成為識別度極高、自成一格的風味。

後來我才知道這間創業超過五十年的肉圓店，初始老闆原是酒家大廚，廚藝道途見識甚廣，這顆肉圓因此一面世就不平凡，像是從宴席中抽離的一道菜。這即是他們提供的湯類，不是丸子菜頭貢丸之類的尋常湯味，而是出自油鍋旁的鐵蒸籠慢燉而成。北門口肉圓的骨髓與豬肚湯，都被蒸蛋包裹著，這是餐廳大廚的手路，應該也與創始老闆的背景有關。

我在北門口肉圓只是匆促的吃了一顆肉圓，經常停留不過二十分鐘，但那高溫油炸下的脆皮，豐富的口感體驗，盛滿的華麗內餡，已經重新界定了我對於肉圓的想像。

勇伯的虱目魚膾——臺南筑馨居

我有許多朋友，相當熱愛傳統，並以生活在府城自豪，他們喜愛收藏，透過老物件，聯繫了與過去時間的關係，更愛將收藏分享給更多的人了解，如同古城節中，那些被推著遊街的老攤車，都是收藏成果的展現。

我的朋友勇伯仔，就收集了許多舊式流動販售的攤車，一屋子的古物，經由他口述，好像都能聯繫自己生命的某個階段。留著小平頭的勇伯，身型壯碩，不過長我幾歲，常為民宿與餐飲業者喉舌，堪稱年輕耆老。

他經營的筑馨居餐廳，也是我招待外地朋友的主要選擇之一，那是兩處超過百年的傳統民居改成。勇伯仔也是民宿艸祭的老闆，那原是一座書屋，後成為讓人體驗躺臥在書堆之間的民宿。

沒人可以例外的，勇伯仔經營的筑馨居餐廳，因為疫情生意而受影響，給勇伯打氣的人很多，因為他急公好義，很善於幫眾人解決問題。我看過他在疫情嚴峻時的摸樣，對外發言要穩住士氣，但實則辛苦度日。

他的臺語說得流利清晰，如他做生意態度一般，原則清清楚楚。筑馨居採預約制，人頭計費，菜色應時而變，如此一來成本控制容易，減少的囤貨成本，有助於提升食材品質，勇伯跟我說，筑馨居的食材成本就佔了四成五左右。用比較好的材料，減少繁複的烹飪，品嚐食材原味，是勇伯仔的想法。

我在筑馨居吃過北門養殖，兩年生、巴掌大的鹽焗牡蠣，約當一顆五公分直徑大小的赤嘴仔，還有被認為尚留微微香瓜氣息、約莫十幾公分大小的香魚。清蒸香魚尤是一絕，每週限量供應二十尾，經過兩天炊蒸，骨頭盡化，但魚型完好，整尾皆可食用。

此外，筑馨居還有道獨門虱目魚料理——鳳梨豆醬蒸煮虱目魚臍，勇伯說魚臍得來不易，是他商情崇德市場一專門處理虱目魚的魚販特別取下，一尾魚，不過一小塊約拇指指甲大小。

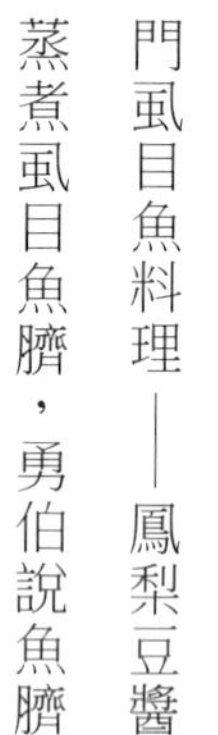

這一味的發想，是由勇伯的舅舅建議，原構想是用於魚羹的吃法，但勇伯覺得鳳梨豆醬燒入味更可口，獨門料理就此練成，果香酸甜略入魚肉與魚臍之中，倒是讓魚鮮被提點的更清楚了。

長得粗枝大葉的勇伯，擅長留意細節，老屋一瓦不動，書屋一冊不移，大概只有這等眼光，才能幫我們找到虱目魚，原來還有塊魚臍。

風土的身世——臺南玉井芒果

春天之後，芒果漸被微熱天氣催熟，從屏東漸而北上臺南，芒果陸續收成，揭開了為期半年的產季。果肉肥碩略帶緊實，散發熱帶香氣的芒果，是專屬於南國夏天的豐饒滋味。如同莉莉冰果室的芒果冰，以愛文為主，加上幾片帶有酸勁的芒果青，熟悶與青澀滋味都在其中。莉莉附近的臺南市美術館，舊地名稱檨仔林，據傳過去林裡，聚了許多羅漢腳，會不會羅漢腳愛吃芒果？不可考。但在清代，臺南城內有著檨仔林的地名，這水果能夠「（食）畢棄核於地，當月即生。」在時人眼中，存在感應該極強。

芒果的身世，眾所紛紜，清時文獻多稱「番檨」，應來自南亞與東南亞一帶。清領初期，郁永河來到臺灣初見芒果，並無法辨明這顆「不是哀梨不是楂，酸香滋味似甜瓜」的水果，只能用「不是」、「似」的描述，排列出這顆異域之果在他的水果識辨系譜中的位置。這顆於帝國新土長成的芒果，如同臺灣的所有，都要成為皇帝麾下的一切。芒果在一七一九年得到了進

京的機會。

閩浙總督覺羅滿保與福建巡撫呂猶龍，像在互爭表現，一七一九年春天，分別敬獻了許多臺灣物產給康熙皇帝，其中有芒果樹株，還有有切條曬乾的芒果乾、有用蜜與鹽醃製過的芒果，分別裝了小瓶給康熙皇帝。康熙看到了芒果，吃了沒，則不知道。康熙回應「知道了，番檨從來未見，故要看看，今已覽過，乃無用之物，再不必進。」其實，連覺羅滿保獻上幾隻臺灣犬，也被康熙說「不及京裡好狗。」

臺灣芒果與土狗，雖被皇帝退貨，但「番檨生大樹上，形如茄子。夏至始熟，臺人甚珍之。」臺民珍惜當然是因為好吃。《續修臺灣府志》匯集了不同資料，像是芒果飲食入門般，先說「切片以啖，甘如蔗漿」、再細分「檨有三種：香檨、木檨、肉檨。香檨差大味香，不可多得。木檨、肉檨曬乾用糖拌蒸亦可久藏，臺人多以鮮檨代蔬，用豆油或鹽同食。」不僅鮮吃還能「切片醃久更美，名曰蓬萊醬。」清代人應該沒吃過芒果冰，但其餘的可能都試過了，其遺風猶存，如同現時蕃茄蘸醬油、西瓜沾鹽巴，清時芒果可與之醬油與鹽同食，用鹹味彰顯甜味，簡單的道理卻是不敗的策略。可鮮食、可醃製的芒果故而得「果之美者，檨為最」的稱譽。

芒果普遍存於日常，臺灣地名也常有檨仔坑、檨仔坑溪之類的名稱。邱逢甲也稱「番檨花開又一年」。芒果成為日常地景、乃是報時之果，於是也成為文人形塑臺灣風土的資材。唐贊袞在《臺陽見聞錄》中，稱芒果「大者合抱，葉濃、花淡，高樹多陰。實如豬腰。」但在謝本量寫寒食前後春景時，已經有了「檨花如雪飼金魚，小院蔭濃綠不除」的意境。或如林啟東〈檨園風清〉也寫「花落賢庭柳拂牆，檨林篩影倚斜陽。」檨林、檨花被放入了漢詩意境，成為識別島嶼風土的一部份。

任何一個外來之人，踏上這塊土地，感受南方體驗熱帶，想必都無法拒絕芒果，即時到了戰後，我曾在眷村中訪問一老者，江蘇鹽城人，一口芒果吃下肚，才確切感受到這片與故鄉全然不同的土地。他的體會應該與清代文人相同，但吃的卻可能不是同一顆芒果。

我們現在吃的芒果，都有個洋名，或者稱 Irwin, Kent, Haden，此因二十世紀以來，從南洋、從美國又有新品種移入，或者持續改良。這些稱為愛文、肯特、海頓的芒果，經過半世紀之後，適應了島國風土，成為臺灣芒果的代名詞。我讀過劉克襄、王宣一等人關於書寫芒果的作品，情節大多牽連著土地與生活，異鄉之果有了臺灣身分，成為牽涉認同的記憶之味。

而今，品種改良、地球暖化、職人技藝都能改變我們對於風土滋味的體驗，島國風土的詮釋，亦不全然是另一場東方主義的套路，不用只在「他者之果」的議題上打轉。經由生活脈絡的追索與建構，推敲時間與空間脈絡的關係，一顆芒果，足以讓人產生對特定地方與人群的認同與歸屬。

如同我的夏日時間刻度，經常可以依靠榮興冰果店的芒果冰辨識。那碗冰，四月是盛著愛文與土芒果，盛夏則加了凱特、烏香，初秋則是九月樣上市。風土芒果，應時而生，它是讓我們體會與自然相處的機會，也是學習成為臺南人的練習。「不是愛文不是凱特，滋味似土芒果」，那顆芒果是海頓。我非如郁永河的異鄉客，而是熟知芒果風土的新臺南人。

我的早餐必備首選——臺南永福、崇明與東門新鮮牛肉湯

我喝牛肉湯，通常就在家附近大約方圓五百公尺的範圍內，那些店大約都是熟客，沒什麼生面孔，也不是觀光名店，老闆也多了不少時間可應對客人，我對於牛肉湯的知識，都來自於她們。

如同臺南文化中心的崇明牛肉湯，是兩、三位大姊經營的店，販賣的食物單純清簡，一碗白飯之外，牛肉湯只分大小碗、赤肉與花肉。

我最常坐在切牛肉的大姊旁，是她告訴我挑選與切分牛肉的訣竅，看她切了一早上牛肉，拿刀的右手不痠疼嗎？她說溫體牛肉保水豐富或帶脂肪，因此固定牛肉的左手，順著肌理又要能穩妥固定牛肉，才是費勁的事。

另一家我經常吃的店，名為永福牛肉湯。油湯生意從來就是體力活，以牛肉湯店為例，不論寒暑，店家都必須在天未亮時就開始工作，即使是中午打烊，每日工作起碼八小時，若是年輕人還可勝任，但對於永福牛肉湯而言，原店東是一對老夫婦加上一位純真帶有憨氣的孫子，這樣的陣容，要能經年累月的經營，日復一日，實在太累。

於是，他們曾經歇業幾個月，小吃的生命史，最後在這種情節中落幕，幾年來我也看了不少。沒想到，後來有位熟客接手繼續經營。重新開張的那一天，我看見大門敞開，趕緊剎車停止，馬上進店裡，點了一碗混合赤肉與花肉的牛肉湯，外加一疊燙青菜。原店東果然已不在，接手的中年人為自己的年輕孩子頂下這門生意。每日開店時，前代老闆依舊來店指導，高湯材料比例、熬製方式，不同部位牛肉的處理要訣等。

期待好久的牛肉湯，湯一入口、肉一進嘴，感覺欣慰，一切都沒變。這段時間將調配標準化的嘗試，看來有成效。新店嘗試恢復原本秩序，店內擺設依然照舊，舊雨還是會再上門。

只有那台幾年來，始終鎖定在三立臺灣台的電視機，被關上了。原來的老闆夫妻，應該很不放心那位憨氣的孫子，她們應該希望接手店家，能夠繼續讓孫子在店裡幫忙。過去，祖孫三人經常守在電視機前，那天，憨厚的孩子拿著手機繼續看著三立臺灣台，而接手的新主人，則播著beyond的海闊天空。味道的變遷、轉移與中斷，都有著自己的故事，臺南味深藏的，也不只是關於味道。

說起東門新鮮牛肉湯，就在我上班路程的必經之處，因此幾乎每一、兩週就有機會光顧。東門牛肉湯最為實惠，點碗牛肉湯附贈肉燥飯，還外加一顆滷蛋。老闆的專長本來是IC設計，十餘年前退伍後，求職適逢雷曼兄弟金融危機，一時之間，相關工作機會多以海外為主，因此在家人勸說下，開了家中的第二間牛肉湯店，留在臺南經營事業。

臺南的市井小店做事都不含糊，新鮮牛肉湯的湯頭，除了牛大骨、牛腩，就是大量的蘋果與洋蔥，老闆說兩種材料的甜味化合的很有整體性，也不搶走牛肉的滋味，他曾試過高麗菜心，菜味的甜無法跟其他味道和平相處，自我突顯太清楚，於是被放棄。因此，新鮮牛肉湯的湯頭，就是種不過於複雜、沒有人搶戲的滋味。東門新鮮牛肉湯的老闆，一天準備的三種肉，從瘦肉到帶油花、從軟嫩到脆口，他熟知客人對於牛肉部位的喜好，往往不用特別交代，那碗牛肉湯，自然是最合於自己的喜好。

家門口的店、一大清早的新鮮牛肉湯，都是些要去上班、上學的客人，通常一桌一人，彼此不認識，沒有交談，但共同看著電視，好像每個人都在等待一個甦醒的契機。那碗牛肉湯，於是不能糟也壞不得，新鮮牛肉湯確實帶來了食物的力量，在每天如常的日子裡，點味增香，一屋子的客人，彼此陌生，但或許都得到了一樣的滿足。牛肉湯讓早餐具有了很重要的意義，但我們卻經常忽略醒來的第一頓飯。

東門新鮮牛肉湯，獲得了二〇二二年榮登米其林必比登推薦，我訝異於評審是如何找到這間店，而老闆接獲通知時，更沒有心理準備，純然的意外欣喜。隔日，他們還是如常如質如時的做生意。

我家附近的牛肉湯，是反覆練習飲食技藝與人生滋味的場域，臺南食物能有許多飽含故事的味道，大多是以市井小店為舞臺，但需用一種日常的心態去體會。

走出府城吃牛肉——臺南灣裡市場善化陳牛肉湯

牛肉湯在臺南發展二、三十年後，確實也改變了在地人的早餐習慣，平日一早，出外覓食，一些牛肉湯店，總是聚滿準備上班的食客。而走出府城，牛肉湯的風貌也不容小覷，有時到城郊工作，就帶著空肚子前往，喝一碗牛肉湯再上工，很需要。

我經常在善化、新化、學甲、佳里等地吃牛肉，可能因店家位處市郊，經營成本較低，這些店的牛肉多半以赤肉為主，量多味美最宜受貪肉者歡迎。我則經常前往佳里的安仔牛肉，他們的牛肉爐高湯略帶紅燒味，但以大量的蕃茄踩了剎車，因此不若紅湯濃重，這招很險，但一鍋平衡於紅燒味與蔬果香甜的湯頭於是形成，也跟其他牛肉湯店的透亮清湯形成強烈對比。

我自己有許多郊區的牛肉湯私藏名單，其中之一，就位在南區灣裡市場的善化陳牛肉湯。灣裡距離市中心的民生綠園，騎車約莫二十分鐘。灣裡是個老社區，味道也有著時間留下的痕跡，且通常價格親人，如同店名很酷的正展肉粽部，一碗加了油條、豆腐用柴魚煮出的豆醬湯，一碗五元！

　位在灣裡市場內的善化陳牛肉湯，是間角落小店，店內大約十來個位置，但經常一大清早六點就有客人。該店牛肉湯頭，大骨與牛腩燉製而成，有別於市內用各式甜味蔬菜吊出甘味的湯頭。兩者之間，沒有絕對好壞，就看個人喜好、就看跟牛肉的配搭關係。若是只想體會什麼是純粹的肉味，這間牛肉店，大概是最好的選擇。

　他們的牛肉湯，謹守吃多少切多少的原則，老闆時時磨著那把銳利的解牛刀，片出一片片帶著腥紅血色的新鮮牛肉。我們也都知道，在臺南吃牛肉湯，很難享受大口吃肉的快感，因為一碗牛肉湯大約只用上二兩半左

右的肉，但在灣裡吃牛肉，一碗同價格牛肉湯，大約多了百分之三十的肉量，價格便宜不少，但肉質鮮甜Q嫩，若食客善於接手上桌後的調理，始終保持五、六分熟度，那碗牛肉湯，大概會成為臺南之旅最深刻的記憶。

倘若是一人來吃，也能盡興而回，一小盤五十元切盤，牛筋、牛腩與牛肚各有些許，鐵定讓人覺得值回票價。或者，內行食客也可以問問是否有燉牛尾，跟老闆商議可否一百五十元做碗牛肉牛尾綜合湯。可以！這等協商近年來在市區也不盡然方便了。這種因著食客的需求而產生的彈性，讓人不須面對選擇困難，可以說是體貼愛吃者的最高表現。

這間位於市場的牛肉湯店，隔鄰為一間手沖咖啡店，我即使旁邊都坐著陌生人，但當牛肉一口一口送進嘴裡時，咖啡店裡經常傳來爵士樂聲，也可以感受到一個人也不孤單的滿足感。離開時，我通常會去一味家餅家帶一袋香餅，繞道海邊徒經黃金海岸而返，一趟早餐行，不過一個多小時，就如同一趟小旅行。

一碗牛肉湯的地方創生——臺南學甲順德牛肉

近年來牛肉湯已成為臺南看板料理，店家迅速增加，每個造訪臺南的來客，都不忘喝上一碗牛肉湯，當成是滿足府城之旅的必要條件。我算是牛肉湯的重度使用者，平均每週喝一碗，從市區吃到郊區，對於臺南牛肉湯也有了更清楚的認識。

有陣子經常到學甲工作，跟地方夥伴討論地方創生的提案，主要

的工作是提供地方夥伴提案所需要的素材，以及素材轉化的各種方法論的參照，例如用食物設計的分析概念，來處理地方飲食文化的轉譯。工作坊本身就是一場腦力激盪的過程，但我在這小鎮的行程，異常忙碌，因為開會前、中午休息與開會後，我都往順德牛肉店跑。

許多老饕都聽說過順德牛肉湯有碗四百元的牛肉湯，造訪順德那天，起了大早，坐下來就來碗四百元的牛肉湯，照例，老闆娘的牛肉教學開始，當然，一定不是什麼沙朗菲力牛小排，那些稱為盤子心仔火燒仔，都是從肉的形狀、肉色與脂肪等依據分類而成。一樣的東西，轉化成不同知識系統，就是另一種認知了。順德的牛肉湯首先是一門認識牛肉的課程。我一直很想跟導覽老厝的朋友說，不要再只說老厝的馬背等等的事了，臺灣有一萬棟這樣的建築，但，阿嬤灶腳的故事只有這個地方有，而且還各地都不同。

順德的湯頭鮮味十足，入口後韻回甘。問了老闆其中秘方，結果答案就攤在眼前，就是牛大骨清湯，不斷填補牛腩，中火持續催逼，熬了軟爛後，再加一批，反覆如此，湯色便由清澈轉為褐色，單純由蛋白質轉化成胺基酸的鮮味，就這樣滲透到整個湯底。而四百元的牛肉，則為牛背部的條狀肉，局部區域的肉質纖維與組織相當細緻，一定依賴細部肌肉日常運作而成，能夠看見那塊肉的剖牛師傅，一定要能洞悉牛體肌理運作。聽完之後，腦中立刻浮現那牛一定有受到牛背鷺每日按摩。四百元的牛肉，不靠牛脂取勝，肉質鮮甜，口感細緻而不鬆散。

臨走之前老闆娘又說，中午左右會來第二次牛肉，跟早上的不同，大約是說嫩肉與脆肉之別，其中夾帶著纖維、油脂與含血量等各種條件組合的差異，而最貴的吃了，但第二批牛肉，很特別，來不來呢？當然，中午休息，又乖乖去店裡坐好，那是一盤含脂量低但纖維細緻的牛肉湯。此時，體內牛肉存量，應該已經超過一百公克了。帶著滿量的鐵、鉀、蛋白質、菸鹼酸、胺基酸、鋅、B群等等的營養，下午的討論，迅速確實。後來，我回頭想，順德老闆娘真是擅於用說新故事產生飢餓行銷的效果，我中計了。

那天課程，終於在三點結束，我們最後一個行程，是去吃鹹酥雞，那是間開店前半小時就有人陸續排隊的店，就在順德隔壁，經過時我好怕順德老闆娘說，第三批牛肉來了。因為是鄰居之故，順德老闆娘讓我們在店裡桌上吃鹽酥雞。然後，她就拿出一包薑絲炒牛碎屑請我們吃，廚師料理不在菜單上，大家知道，這招就是私房菜上桌。這是這一天的第三餐牛肉。然後，地上趟著三隻跟我吃了一樣多牛肉的黑狗，四腳朝天。那是極富寓言性的畫面。

這時候，鹽酥雞的老闆娘拿了兩袋鹹酥雞給順德的老闆娘，那是長久以來兩家的互惠，雖然，鹹酥雞的價格如何跟牛肉比呢。騎著機車的另一個婦人，也來買牛腩，結果她是被我排在下一頓必定要造訪的碗粿與菜粽店的老闆娘。一樣的兩家換來換去，我看她只拿出一張鈔票，怎麼就提了好幾袋的牛肉湯回家了呢？資本的不對等交換，本來就是靠著人情來填補，而這種非商業邏輯的運作，最容易加深人跟人的關係，人是無比重要的地方資本。

回程時，我已經再估算何時再去學甲。

宛若畫室的小食堂——臺南鴨母寮市場轉角廚房

臺南北區的鴨母寮市場，是我日常午餐的覓食地，老市場的顧客們通常挑嘴，能在此長久經營飲食生意者，都有幾下功夫，其中的肉圓、碗粿、當歸鴨、乾麵等，都是幾十年的老店了，但我經常前往消費的是成功路旁轉角廚房。

轉角廚房的經營者，一家三代都在相同的攤位作生意，從阿嬤開始賣雜貨，後來店鋪租給別人，賣紅茶三明治之類的食物。大約十年前，目前的經營者，五十五歲退休時，把店面

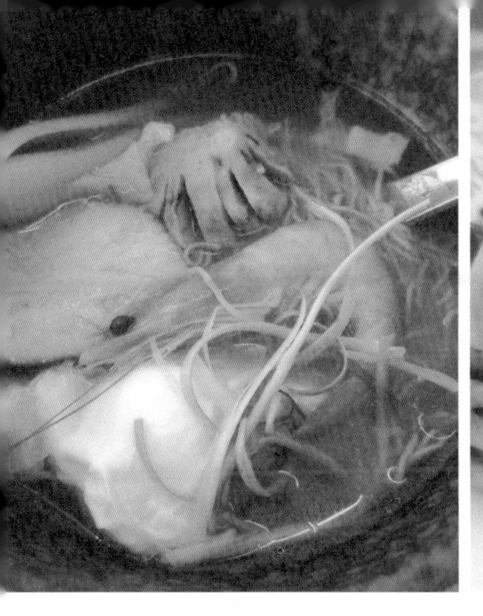

收回來，尋思想要做點什麼生意。後來就以炒意麵、炒米粉，以及各種鍋燒系列為主的餐飲店。

我在轉角廚房，通常吃炒意麵。因為那盤炒意麵，用乾炒手法，讓十來隻火燒蝦的味道，充滿在每一條被油炸過，看似防禦性很強的意麵中。除了香與味有水準，意麵盤排相當好看，老闆喜將食材一層一層疊上去，最後用點紅色火腿絲與綠色青蔥收尾，賣相可說是臺南第一。在滿街都是意麵的臺南，這盤炒意麵的識別度非常高。轉角廚房的座位，不過就是六、七席，可見臺南飲食不容輕忽不起眼的小店。

市場不僅是匯聚百味的地方，也是各種情報交流與心情抒發的場域，我在轉角廚房吃飯時，經常聽到隔鄰的阿姨或大姐，互相抱怨家中大小事，最後卻也都用自己的方法，一一消化掉情緒，然後提著菜回家。這樣的市場小店，大概最能發揮照護機構功能。

我有時會吃轉角廚房的青醬炒烏龍。為什麼是烏龍而不是其他，當然是只有烏龍的白身麵體與留白滋味，才可以讓青醬依附上身。然後，這一碗麵，還是一路走險棋才能造就，微量豬油給了點香，而柴魚高湯還是麵體滋味的主調，然後才是青醬。三者之間，宛如三人危險關係，如何平衡，是高招。我問老闆如何想到？他說兵推許久才成。有些發明，是只要想通了就贏了。

從炒意麵到青醬烏龍，轉角廚房很講究食物的排盤與配色，老闆一路說著自己很注重健康，豬油也是自家煉製，最後，要放上火腿絲時，自己說「只有這個不健康，但是沒辦法……」，這片綠需要一點紅，食物漂亮真的比什麼都重要。我向來佩服日本將義大利麵轉化的能力，轉角廚房的青醬烏龍，大約就有這樣的能力，市場之味，也能展現味道的跨越與融合。

開店十年，眼前只管三口火爐，兩坪大的天地，但沒有限制住他對料理的創意。跟老闆漸熟後，才知道炒意麵的美感，與青醬炒烏龍的創意來源，都是一生歷練的凝結。老闆從沒受過正規的餐飲訓練，退休前在國內知名女性內衣公司擔任主管，那份工作，讓他對於美感極為敏銳，而他還是一位從小到大喜歡畫畫的人，一直到現在還經常進行油畫的創作。經由他的指引，我才知道店內掛著的畫作，創作者就是老闆本人。

轉角廚房的每道料理，如同是件講究修飾的女性內衣，也像幅構圖完整、筆畫精巧的油畫。那些精心的營造，雖在下一口就被破壞，但感受料理人精細佈局的美感，或讚嘆於大膽而細緻的創意，如同是體會了細緻與創意並在的臺南生活，這座城市是因生活文化才能成就文化首都的地位。

最懂每個清晨才下班的人——臺南阿喜鹹糜

臺南人愛吃鹹糜，早餐與消夜皆宜，米飯加上高湯，隨意添入各種地產海鮮，簡單的一餐，也能很豐富。曾發生過一起下班遇到車禍申請職災賠償的事件，就是因為下班者為了吃鹹糜而起。

話說一位大夜班保全某天值大夜班後，繞遠路去兵仔市吃鹹粥，結果發生車禍，他想爭取補償，起初未果，但下一審的法官，認為「須注意原告要尋覓者乃臺南傳統美食鹹粥店，而該店是否超出一般常情之距離、

時間為斷，如在常情合理範圍及時間內，應認定為合理之通勤途中及時間。」法官認可為了吃鹹糜而合裡繞遠路的理由。

法官又說「查本件原告為民國三十九年出生，現年六十六歲，而食、衣、住、行等需求，皆屬民生必需，且民以食為天，食用三餐乃人民之天職及生活所需，況對於一位長年住臺南的年長者，值夜班後，早上七點下班後順道去喝一碗臺南傳統美食鹹粥當作早餐，確屬一天的小確幸，亦為臺南年長者的習性，並不為過，應屬日常生活所必需之私人行為，被告執意認原告可以選擇到其他路線的早餐店用餐，顯以北部或外地人的思考，未考量臺南人年長者及臺南在地人早餐的傳統，地區性的特質所致。」

這位法官應該出任臺南美食的代理人，這段判決文也應該直接成為觀光宣傳的文案。其實，對於臺南人而言，每條通往美食的路，就是回家最近的路。出車禍的保全大哥，下大夜班後，繞路也要吃的鹹糜，是兵仔市的阿喜。兵仔市的貨物價格便宜，交易的入出量都很大，魚攤的排場驚人，很像漁港旁剛出水一般，成堆的鮮魚。

阿喜有同等的架勢，一碗鹹糜，魚皮、虱目魚肉、豬腸、豬頭肉、小卷，還有另一種魚肉，感覺是鯊魚或者旗魚。六種配料，滿滿一碗，七十元。早餐吃完一碗，中午完全不覺得餓。

阿喜鹹糜視覺效果驚人，配料都堆到離開湯面兩公分了。原本想保全大哥為此繞路也是應該。只是我看到老闆備料鹹糜時，我才大悟，鹹粥料好，固然甚好，但這碗鹹糜滾熱魚湯，恐怕才是關鍵。

一般來說，臺南鹹糜型態是飯湯，一碗飯覆上配料，注入高湯就能上桌，於是，調理一碗粥，不用半分鐘，但一般來說，這類鹹糜湯溫也不甚燙口。

阿喜鹹糜則花了三倍時間完成一碗糜。現在的調理者是阿喜的媳婦，我看她把配料堆入碗後，來回三次用滾燙高湯泡過，就連米飯的程序亦同，最後，這碗鹹糜在端上桌時，滾燙依舊。無怪乎每個客人，都要等上些時間，才能吃到期待已久的那一碗。為此，老闆忙得片刻都沒能休息。

對於那些半夜就開始工作的攤商，或者如那位下了大夜班的保全大哥而言，阿喜的鹹糜，不僅豐盛，也因熱湯溫暖了空蕩整夜的胃。法官在判決書上說，吃碗魚粥是臺南人的小確幸。那是因為阿喜鹹糜，懂得整夜工作後的人。

等待火燒蝦的日子——臺南黃氏蝦仁肉圓

有種時間叫臺南時間。

我愛吃的東門旁的蝦仁飯，一週只做四天生意，每次只營業中午兩小時。之前，永記虱目魚轉手經營前，休息日是六日，基明飯桌則早已週末不營業。馬公廟前葉家燒烤，則是不特定休息，淳鳩一夫拉麵也告訴大家，營業時間要看一下臉書。鴨母寮、水仙宮、東菜市等市場的好味道，經常跟著民間習俗節奏做生意。

這些獨一無二的臺南時間中，要屬黃家蝦肉肉圓，最有風格，老闆要能買到令人滿意的火燒蝦才營業。

中山路開隆宮一帶，街巷內的黃氏蝦仁肉圓店，經常關著門、掛著「嘸蝦賣」三字的公告，亦即沒有蝦源而無法開店。

何等蝦子如此尊貴？

答案是蝦殼有著如被火紋身般痕跡的火燒蝦。

比起常見的班節蝦、沙蝦，火燒蝦個頭不大，但滋味更勝一籌。火燒蝦因為保鮮不易，加上個頭小沒看頭，經常被人忽略，甚至有人當作釣餌。又或者也有人將易腐味重、肉質鬆軟的火燒蝦，誤以為特色，其實那是保鮮不佳的結果。我們都誤解了火燒蝦。品質好的火燒蝦，肉質有彈性鮮甜，但不損其濃郁的蝦味。

黃氏蝦仁肉圓多是熟客，所以經常蒸籠一掀，九點半開始營業，一下子就聚集人群，排成一小段人龍。他們通常都有自己的網絡知道當日開店與否。我的撲空率低，就是因為常收到此店粉絲團團長提供的開店情報，有人通風報信，「觸及率」自然提高許多。

等待最讓人期待。開店的第一籠肉圓將熟前，許多坐著的客人，都安靜的望向蒸籠，五分鐘後，掀開蒸籠，一顆顆白亮亮飽滿、透著胭脂紅的蝦仁肉圓相當誘人。一份三顆蝦仁肉圓，細看無奇，不過一入口，即能感受手工自磨米漿的肉圓皮的特殊

之處，米漿皮的口感紮實許多，沒有其他漿粉和入，不似麻糬般的延展性，而是記憶裡，那種來自於米的自然糯性所造就的Q彈口感。

內餡中的肉燥與兩尾火燒蝦，具有很好的搭配關係，瘦肉肉燥給了一點必要的脂味與鹹味，適足以襯托火燒蝦的威力。火燒蝦的個頭小但緊實有味，若是閉起眼細細品味，必然吃驚於那短短三公分不到的蝦肉，怎麼能有如此識別性強、存在感猛烈的滋味。黃氏肉圓開門與否，繫於是否取得新鮮火燒蝦，果然是有道理的。

第三代的老闆說，老店開張迄今已一〇六年，原先是挑著攤子與中山路民權路一帶販售，後來曾在東門圓環擺攤，遷到目前店址也已經超過半世紀。時間超過一世紀，店址也曾再三遷動，只有做法與味道不變。

老闆說由於蝦肉難取得，磨製肉圓皮原料更是費力，因此無法天天供應。如此一來，一週就只能賣個三、四日，或者有時兩日。

臺南的店家，常被認為相當有個性，黃氏蝦仁肉圓就是一例，若是你從遠道來，或許撲了空，那就記得把肉圓留在食物清單裡，下次再來。等待火燒蝦的日子，讓生活有期待，但也無得失，因為就連老闆，也不知道明天是否能開店，如此，他還能夠經營幾十年，這就是臺南的生活。

粉味炒粿仔——臺南善化北門城小吃店

有時去善化工作，能夠停下吃頓飯，最好的首選經常是北門城小吃部。老店就在地方信仰中心慶安宮附近的僻靜小路裡，招牌並不起眼，許多生活在善化的人，也未必然能知道此店。

北門城小吃店的老闆洪同典，原是善化福進香餐廳的大廚，從學徒開始，練功三十餘年，才自行開業，以店處的地號北門城為店名。平常日，

老店生意不能說好，如同我經常中午十二點，打開小吃部店門，老闆一家三人各自倚坐一角，發著呆或在看手機。

小吃部店面招牌上寫著「粿仔、紅燒豬腳與網紗肉捲」，亦即店家自慢之味，也是原福進香的招牌味。我們當然不免俗，要了招牌三味，又點了炒三鮮與豬肚湯。始終靜默的一家三人，熟練各自分工，不到十分鐘，食物陸續上桌。

網紗肉捲切成一段段後入油鍋，四面炸得酥香，填入的肉魚漿料中規中矩，有基本水準。但隨之而來的紅燒豬腳，有點讓人吃驚，我原是預期醬滷豬腳，但卻是白滷豬腳燴入蕃茄醬與糖，酸酸甜甜是主味基調，濃香紅艷，光看就好吃。

這道菜是要讚嘆蕃茄醬的，此醬的普及不過是一甲子以來的事，但就讓盛產蕃茄醬的臺南土地上，生出紅燒豬腳這道菜。在一道紅燒各自表述的料理世界中，蕃茄醬無疑是奮進的代表，已經成了有身世的古早味。可見成就傳統，有時就是一、兩代的事。

我被隨之而來的炒粿仔給嚇到，純以豬油加之爆炒鑊氣，讓炒粿仔還未上桌就香氣四溢。但更驚人的是，老闆手作粿仔太讓人驚訝。小時候在屏東吃了太多粄，長大後在桃園讀書更是，此間差異經常在米漿比重各有不同，但Q彈紮實是共同特色。

北門城粿仔更為水潤、滑口，聽說製法是米漿倒入四角模具，然後用熱水直接燙熟，但最大差異之處，是米漿中混入大比例的蕃薯粉漿，這是粉間遍布的臺南專屬的粿仔。客庄隨處可見的粿仔，也能變異出另一種形貌，大臺南偉大之處怎能略過此事。

後來我追問老闆粿仔的調配秘方，未料答案更讓我吃驚，構成粿仔主體的米漿，原料竟然是來自自家種植的稻米，答案又是一番自家種米方便取用，要略為脫水米香更足的合理說法，但這些料理職人是如何有時間再去照顧田園，光聽就覺得不可思議。

善化北門城小吃部，把臺南盛產的蕃薯粉與蕃茄醬運用得淋漓盡至，甚至成為造就古早味之不可或缺。這一餐，食物領我更趨近土

地，感受餐桌佳餚是以豐富物產為基礎。而我，實在是太晚認識北門城小吃部，一行人吃得撐，滿意的離開小店，問了營業時間，下次一定再訪。

年歲已過七十的老闆，行動有些緩，但鍋鏟與炒鍋的作動，還是俐落，他說店裡菜款簡單也不時髦，已經跟不上時代潮流，來得都是老顧客。如同那天中午，就只有我們一桌人，這樣的店，大家不來吃嗎？

勇男的咖啡——屏東霧臺最深處

偶爾會往屏東的山上去，近年來的目的多半是為了找尋好咖啡，有時會在山裡住一晚，曾經住在一間石板屋，在那品嚐的咖啡，餘韻曾經存在口中很長的時間。

那天，上了山，已四點，只有我們一組客人。屋主勇男大哥，在民宿旁賣起咖啡，多數時候，他一個人照料民宿與咖啡生意。他在退休前幾年，就在石板屋後方的山坡，種起咖啡，準備安排自己退休後的生活。也說起今年咖啡開花後缺乏水源灌溉，因此結果甚少收成有限，距離下一季的收成尚有半年，但目前存貨已不多。

勇男大哥的魯凱石板屋遠離部落，當初他的父親沒有因為這塊地較偏遠而放棄，他因為一塊比房子還大的大石頭、一顆金剛櫟而看上這塊地，房子前後蓋了二十年，從讓一家人可以住在一起，到一家人又一個個離開家裡。

這幾年，部落種植的咖啡與紅藜炙手可熱，對面山上的德文咖啡雖更具知名度，但霧臺咖

啡一點都不示弱，喝過的人就知道。原來，部落栽種咖啡有著悠久的傳統，但一開始他們是無緣品嚐的加工者，他說日本時代，就已種植咖啡，但警察要族人啃食略帶甜味的咖啡果皮，又說咖啡豆珍貴，啃食去皮後的咖啡豆，要集中繳回，原來是警察要喝咖啡，說到此處，勇男自己笑了出來……原來，霧臺的咖啡史，也有著一段國家剝削的歷史。

勇男的父親，是部落的名人，從事工藝創作，又善於協調部落公共事務，參與宗教事務，擔任族人與神溝通的橋樑，在證明魯凱勇士的資歷上——打獵，他也能證明自己的身手。勇男幾乎走著與父親一樣的路。他是警察，派出所所長退休，教會的長老，現在也從事工藝創作。

石板屋距離省道二四的盡頭只有幾公里，平常除了風聲蟲鳴鳥叫，一片平靜，勇男甚至可以聽見愛吃金剛櫟果實的飛鼠，趁著夜色飛翔而來的聲音，飛翔的聲音?!我們應該羨慕他的耳聰，還是這本來就是山林的聲景。這片平靜現在則常被呼嘯而過的重機車隊破壞殆盡，部落裡採收農產的農機車聲響並不小於重機，但重機或高頻或厚重的引擎隆隆聲響，俐落劃過山林的平靜，十足掠奪者姿態。勇男大哥看著眼前剛經過的車隊，平靜而緩和的說很吵。

那天晚上，他不放心我們一家四口獨在山上，騎車來看望我們，在夜色中聊了許久，從自己的咖啡到鄰近部落，直到越說越多。

我說了專科時在屏東讀書的經驗，他就開始主動從長子也就讀同校說起，但未久就被退學，母親管不動，就叫爸爸當黑臉，擔任警員的爸爸，跟小孩相聚的時間已經不多，怎麼捨得一見面就打罵。

孩子後來怎麼了，他沒再說，我也沒追問，安靜許久，只剩蟲鳴迴盪在夜空中。我拿起石板桌上的咖啡杯，輕酌一口，感覺微酸帶苦，果香清麗，後韻回甘，原來這咖啡，不僅有霧臺的風土味，也有著栽種者的人生況味吧。

另一種恆春指南——屏東恆春啤酒博物館

恆春半島是個充滿故事的地方，每個居於此或遷居於此的人，都有著說不完的故事，他們經常是懷抱著夢想而來，希望為人生帶來改變，啤酒博物館的巴叔就是這樣的人。

墾丁的沙灘上，從來不缺啤酒，有世界名牌，也有臺灣尚青，但說起地酒是什麼？大家都不曉得龍鑾潭附近的啤酒博物館，就是在地酒品生產的基地。啤酒博物館專門釀造各式啤酒，從Ale到pilsner等風格兼具，啤酒皆以恆春半島上不同的地方為名，例如出火、大尖山、牡丹、旭海等。

店東巴叔是熟識者於是出來招呼，說到釀造啤酒我怎麼能錯過，如果人生有第二種職業選擇，釀酒者一定被我排在優先順位。於是，當一口啤酒還沒喝前，我的重點都是關心中年轉業的店東，如何成為專業釀造者。

老闆原是中鋼員工，十餘年前優退後，到了美國學釀酒，地道歐式啤酒的釀造基本工，紮實的學了一遍。然後，回臺灣，在恆春買了八百多坪的土地，蓋起啤酒博物館，專供釀造啤酒，

出火
American Stout
South Gate
旭海
Lou Shan Feng
落山風
Doppelbock
South Bay
BREWSEUM

白砂啤酒Pils
落山風啤酒Doppe
旭海啤酒Belgian
龍磐啤酒Brown Po
瑯嶠啤酒Sais

兼及推廣啤酒歷史與文化。聽了人稱巴叔的老闆自述，異常羨慕，有膽賭上退休金，勇敢追夢者，能有幾人。

聽完故事後，心想這酒肯定更好喝了。來到啤酒博物館該喝什麼？總有選擇困難，於是店東貼心的推出，五款各一小杯的品飲組合，從清澈金黃酒體的白砂啤酒開始，到落山風與龍磐等黑麥啤酒，以及用了在地米的瑯嶠，五種款式包含了歐洲 Ale 風格與現代啤酒風味。這些我從三十幾年前就熟悉的在地地名，重新被啤酒給了一種新詮釋。

這生意好做嗎？看來老闆繳了不少學費，因為擅於品味者與主要消費者的需求，不一定一致，十年前習慣用啤酒花把風味雕琢的更深刻，取悅許多內行人，現在，必須有所調整了。他跟我說了曾經的慘痛經驗，也談到對市場的務實觀察，並說明未來可能的計畫。

我問起已經住在恆春的巴叔，最喜歡喝什麼呢？結果竟然不是行家喜愛的 Ale 風格的啤酒，而是大眾市場主流的 pilsner 風味，那款被稱為白砂的啤酒。

白砂，大家去過嗎？行過關山往南三公里左右的一處沙灘，細緻的白砂連綿幾百公尺。有著乾爽微苦啤酒花香的白砂啤酒，很能襯托。轉而欣賞白砂啤酒的巴叔，是看見了墾丁的海水正藍，還是十年啤酒路的步伐重整？其實我也不知道。

或許下次去，他會喜歡黑啤酒龍磐，那處的草原與斷崖，最能顯示 Ale 麥酒本色。啤酒如人生滋味，有時還可以是恆春指南。

薑絲炒大腸的滋味——臺東關山宏昌客家菜館

花東縱谷臺九線，是東部的交通要道，後山貨物外送經常藉此流通，沿路有許多中歇站、公路餐廳提供來往人車補給糧草。位在關山的宏昌餐廳，是間開了四十年、經營三代的老店。創始之初，專做貨運司機的生意，自我定位為公路食堂。

第二代接手後，成為地方重要的宴客餐廳，辦桌宴席最為擅長，後來第三代的姐弟接班後，思索轉型，接受政府

輔導，他們到處進修學四處學習。姐弟倆的轉型，最後找到了出路，他們以全預約制、無菜單的型態營業，大量運用在地食材，賦予了客家菜不同的風貌。

宏昌的食物都可看見主廚的嘗試，只有米，不曾改變。關山米至今仍是縱谷優質米的代表之一，如果大家曾經在池上關山一帶的田間漫遊，你會看見那些由石頭一顆一顆砌成的田埂。百年前的客家移民，是如此辛苦的把良田開墾而成。

宏昌的新老闆，瞭解什麼是客家菜的基底，因為那是文化的傳統，以及餵養著移民辛苦生活的滋味，只是他們的世代，遇到的命題已不是一昧的面向過去。在地食材如何融入，成為第一個提問。

第一道料理白斬雞蘸桔醬上桌時，我品嚐到了四十年老店的基本功，而後的福菜炒筍片、花生豆腐、菜瓜米苔目，都很讓人有新鮮感，重醃鹹味被收斂了，食材的特性被突顯出來。

後來的龍鬚菜上，點綴了在地的火龍果與瓦倫西亞甜橙，綠紅橙三色不僅好看好吃，我暗暗覺得，用水果來表現酸甜，還能如何玩呢？

果然，在最後一道菜薑絲炒大腸上桌時，讓我非常驚豔，我常在屏東吃這道料理，六堆的雜貨店中，也都有販售專用的醋。那種醋才是薑絲炒大腸到位的關鍵，我也喜歡吃，只是這道菜，被歸類為傳統，沒人敢輕易嘗試做出改變。

宏昌的薑絲炒大腸，入了甜橙與鳳梨，都是種植於關山一帶的水果，給了炒大腸不同的風

韻，自然的甜酸味，跟為了下飯的強烈醋勁不同。如果說傳統的炒大腸，是為了代償辛苦的工作、汗水的鹹味。宏昌的炒大腸是屬於在地、屬於年輕的客家菜。這一口屬於在地、由新生代所創作的薑絲炒大腸，彌補了我在豐濱彰化新村時的失落感。

餐廳裡，第二代老闆娘樂在其中跟客人說菜談理念，看來她也愛年輕人帶來的改變。宏昌至今仍是由一家人共同經營。三代之店，三種風貌，家人一心，才是關鍵。宏昌不只是好味道，看來更是一則縱谷客家移民，如何順時應變、落地生根的好故事。

幾年之後，原本在宏昌餐廳的鍾欣芝，離開關山老家的店，來到臺東市區，開了間秘食私廚，一樣是採預約制的無菜單料理。她在宏昌的轉型中，放入了新元素讓客家菜有新生命。而在秘

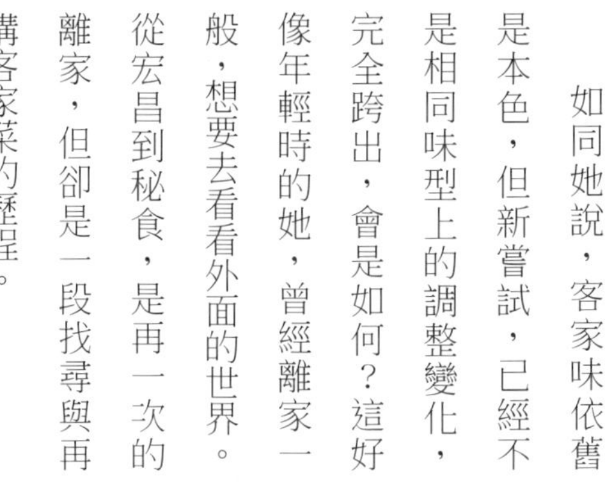

食呢？

如同她說，客家味依舊是本色，但新嘗試，已經不是相同味型上的調整變化，完全跨出，會是如何？這好像年輕時的她，曾經離家一般，想要去看看外面的世界。從宏昌到秘食，是再一次的離家，但卻是一段找尋與再構客家菜的歷程。

一出場的小卷，就讓人耳目一新，宏昌只用在地食材，關山沒有適合的海鮮，因此，宏昌的餐桌原只有山的富饒，沒有海的奔放。而在臺東，海產易得，但讓那

一尾尾小指大的小卷，足以產生轉換影響力，則是那點帶出鮮味的蘸醬，入了點金桔，一點隱隱的酸勁，讓甜味綻放於口中，如同吃了中卷的品味升級。

而這金桔又在薑絲炒大腸中，發揮深刻作用。這道菜原就是季節果味的匯聚，那時在宏昌，味道中的酸，有時是來自柑橘柳丁百香果，而今天則是新鮮鳳梨與醃製金桔，鳳梨給了入口清新的酸，而後韻的底味則依靠金桔。傳統客家菜定位下的薑絲炒大腸，酸勁來自濃烈的清醋，而今，無論是宏昌或者秘食，都給了這道菜無窮的生命力。

即使是離開關山，什麼是無法割捨的呢？米，依舊是電光的，而煮米的水，只能用礦泉水，臺東的水，還沒有辦法跟關山米搭配。

味道與味道的結合，通常需要一座精心設計的橋樑，讓那些兩相結合的對方，安放在預期的位置，發展出味覺與口感的新安排。從宏昌到秘食私廚，我看到味道的遷徙與交匯的現在進行式，每一步，都讓人充滿期待。

恰恰好的分離——臺東萬家鄉鍋貼

有年冬天，在寒冷的夜雨中，從臺北來到臺東，準備參加會議，在地的友人號召一夥人吃飯，帶我們來到未曾造訪的臺東萬家鄉餐廳，一家以餃子與鍋貼聞名的店。

我在臺東覓食，如同進階版的觀光客，常吃港邊的特選餐廳，或者省道旁的快潔，有時也吃原住民風味的拉勞蘭，或者善用在地好食材的宏昌。臺東的山珍海味，客家與原民的食物，大多品嚐過，但也因此，我的胃從來沒有空間，再填入臺東人的日常食物。

萬家鄉是在地人的日常之味，第一代老闆曾在臺東老店「同心居」學藝，後來才自己開了店。萬家鄉是間乾淨衛生服務親切的餐廳，在店裡的臉書中指出，因為家中有喜迎接新生代的出生，二〇一五年十一月起，決定「不加味素就像做給我們的家人一樣，健康、美味。」。

那天的晚餐，一桌人點了鍋貼與餃子各六十顆，兩大盤鍋貼上桌，焦黃脆皮的鍋貼，呈放射狀散開，好看極了。我迫不及待的動筷，在略顯過晚的晚上八點，吃了不知多少顆。

我愛吃鍋貼，覺得這簡單的食物並不簡單。焦桐先生曾說：「……像文學一樣，內容決定形式，鍋貼與詩的共同特點，就是嚴謹的創作態度。」大家可能搞不懂，這種常在連鎖店中出現的食物，平常不過，如何呈現嚴謹的創作態度，如詩一般呢？

好吃的鍋貼必當內外兼具，內餡好吃與外皮脆口，而其要訣，或可簡單的說，就是依靠著「恰恰好的分離」之精神。

一般而言，鍋貼內餡多為蔬菜與肉餡，食材攪拌均勻，入鹽巴混勻，些許時間，食材會因脫水而將多餘水份帶出，終於讓蔬菜甜味被突顯，微微薑香被引發。這其中就是鹽巴如何介入、

帶走多少的過程。鹽，如何恰恰好的離開，是關鍵。

萬家香的鍋貼，也有著誘人的外觀，最宜有點焦脆香氣，那是由恰當比例的油與麵粉水，在中火悶煎六、七分後所造就的結果，只有常年的經驗，才能在鍋蓋一掀時，就掌握住麵粉酥脆而不過於焦苦的狀態。鍋貼何時離鍋，那便是另一個恰恰好的分離的時刻了。

可能就需要這種冷雨，淋在身上些許，然後，一口燙口的鍋貼，微微的薑味，讓人感覺被撫慰。恰恰好的分離，有時卻是成就幸福的美味條件。

CH. 4 海味食堂

海味集成的紫菜炒冬粉

——澎湖講美清峰

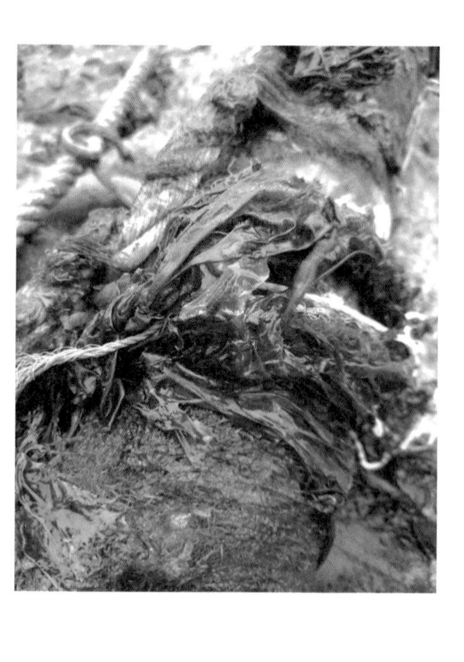

澎湖白沙赤崁龍德宮主持的無人島採野生紫菜，是持續運作超過百年的地方經濟活動，每年冬天，在一套明確規則下，眾人採摘紫菜，是個理解漁村社會運作的好故事。上姑婆嶼的那一天，數船齊發，炮聲響起眾人開始動手，場面很壯觀。紫菜適宜於冬天養成，對於漁村來說，正好適時填補了冬天惡劣海象所造成的生活風險。

不過，我們吃的紫菜，多數是養殖的。從福建莆田到廣東南澳，都有產量豐盛的紫菜養殖事業，晒乾製成的紫菜餅，更從清代就是海洋貿易重要的交易品。海蜇皮、蝦皮、海參以及魚乾也都有其做為貿易品的屬性，於是看見海洋世界的人群如何往來。

澎湖的紫菜多數養殖在白沙講美的潮間帶，由於成熟的育苗技術，紫菜苗都生長於牡蠣殼上，每年約當十月開始，將紫菜苗移植到竹棚上，任其滋生，兩三月之後就能採收，採收期約當可持續到二月左右。

不論是福建說的頭水，或者廣東說的頭茬，第一摘的紫菜，風味最細緻最好吃最高價，此後，第二摘、第三摘價格越便宜，口味口感自然都遜於第一摘。有次去講美採訪一位養殖紫菜的養殖戶，許多細節說的很精彩，講了類似於疏果的概念，說明紫菜如何肥美，講了陽光對於菜色的影響，講了如何避免臭肚魚把紫菜吃完。

不管是野生或者養殖，到了白沙不應放過品嚐紫菜，而清峰就是首選。清峰是白沙講美一帶很有知名度的餐廳，老闆很懂食客的嘴，更有新品開發能力，生意好不是沒理由。

如同她們對於喜歡油炸食物的年輕客人就很有一套。紫菜卷、海菜餅都是招牌，春捲皮夾了海菜經過油炸的海菜餅是頭牌。而最近開發的雙色油條，油條填入海鮮漿，油炸後鋪上美乃滋與柴魚片，如同改良版的章魚燒。即使曬了一日太陽，身體處於缺水狀態，消費者還是愛吃。

我倒是比較期待每次她們端上來的魚，到澎湖學澎湖人吃魚是必須的練習。外地人最不宜帶著吃海鮮就是吃大魚、吃龍蝦與吃海膽的習慣到澎湖。清峰備有各種約莫小於巴掌的鮮魚，如黑貓、青嘴、鸚哥等，用著鹹瓜、半煎煮與乾煎的方式烹調。老闆每遇熟客，一定先說今天有什麼魚，一人獨享

一尾，肉質細緻鮮甜，那才是澎湖吃魚的方式。

清峰具備了成功的餐廳該有的任何條件，基本功相當到位，又善於捕抓多變的年輕人所愛，以至於每到吃飯時間，總是一位難求。

該吃什麼？經常是選擇困難的問題。但，我在清峰毫不遲疑的決定，通常是紫菜炒冬粉。講美是紫菜養殖的產地，固然是原因之一，但核心關鍵是這道菜的「味的構成」，有別於其他。

澎湖海味最強大的力量，是讓人不能輕忽的存在感，例如石蚵、螺貝與小魚，都在啟動感官的細緻體驗，產生放大小物的效果。不過，紫菜炒冬粉則是集大成的邏輯，各種海味都被冬粉吸納了！

清峰的紫菜炒冬粉，是白沙一帶居民日常的食物，隨意添加小卷、蝦仁與紫菜等海產，然後看似先被煮了個元神渙散的狀態，但最終都被收攏在原先毫不起眼的冬粉裡。於是，那原本該被罪責沒有個性的透明冬粉，竟然把紫菜的獨特香氣，乃至小卷蝦仁的鮮味，全部納於一味，此即為海味的集大成。

清峰是傳承到第二代的老店，手藝好、善應接，第二代的妹妹掌握的前場，很會照顧客人的需求。我明明就是一年只去個兩三次的客人，但竟然也曾被她認了出來。無怪乎，我有時出了機場不急著到馬公，而要向白沙再行十幾公里，就是特別為了清峰而去！

秋風下的咖啡——澎湖馬公巴里園

中秋之後，澎湖循例起風，觀光客稀疏，忙了大半年的店家，剛好也能喘口氣。我經常秋冬到澎湖，工作居多，吹痛臉的大風，肉質鮮甜的石蟳，讓澎湖的秋天不同，不過，最讓人喜歡的，還是緩步在沒有太多人潮的街頭。

有次，工作結束後，我去了據說是澎湖第一間咖啡廳、開業六十年以上的巴里園。門關上，阻隔了風的聲音，頓時平靜起來，我挑了靠窗的位置坐下，店裡只有我一人，梳理的乾淨清爽、畫了點淡妝的老闆娘，領我點了杯藍山。然後，就坐下跟我聊天。

眼前這位已經超過七十歲的老闆娘，一九六九年就在

店裡煮咖啡，時間晃眼一過，就是半世紀。原本巴里園是因為八二三炮戰前後，因應駐澎美軍的需求而開設，原先性質如同的冰果室，賣果汁、簡餐，後來也賣咖啡。

當時澎湖沒有咖啡，因此拜託美軍代購咖啡粒，用電壺沖煮，一次可煮上二、三十杯，後來的貨源，依靠每月定期到的船員購買。老闆娘年輕時，在高雄工作數年，大都市即使吸引人，還是沒有故鄉好，後來嫁給了來白西嶼的先生，幫忙經營巴里園。

巴里園就是Paris之意，是一處駐在澎湖的陸海空三軍，休假最好的去處，經常門庭若市一位難求，

但阿兵哥一坐，往往就是大半天。我在澎湖的朋友，服役時常來此，坐著就開始畫畫，後來成了老闆娘的姪女婿。

店裡放著兩台盤帶式的唱機，被擦的一塵不染，唱機一次可以播放一小時的音樂，免去必須經常更換唱片的時間，可以想像這間原本可以坐上七、八十人的店，過去的忙碌光景。三年前，巴里園再次裝修，全店只留十二個位置。

三年來，她把簡餐省略，就連三明治也不賣了。說是跟咖啡味道不合，其實賣了半世紀的味道，哪會不搭配，不過是因為年紀漸長，想讓自己過另一種生活，又拗不過老客人的

請求，於是維持簡單的方式做生意。

老闆娘跟我聊天時，時而跟窗外路過的人打招呼，窗內外的人，都是看著彼此漸漸變老的朋友。她說起話來和緩有條理，平靜帶過半世紀的歲月，有著非常吸引人的口氣。

如同那杯藍山，一口甘苦冷暖自知，但瀰漫的微微香氣，卻久久繚繞不散。只要老闆娘還煮著咖啡，巴里園，一定還是能在吹著大風的澎湖，給人舒緩與安定的所在。

小卷、木蝦與木雕的漁村技藝——澎湖小門洪船長

過了澎湖跨海大橋後，來到西嶼，感覺人車頓時少了許多，更何況是乍暖還寒、北風依舊的四月天。那次為了暑假工作坊的籌備，澎湖在地友人林寶安教授領我們去西嶼最北的小門，臨去前來到關心社區不遺餘力的洪船長家拜訪。他正在整理四、五個月後，準備派上用場的土魠魚網。那天，小卷季剛開始，但一晚的收穫，才補了四斤。

後來，船長夫人為我們煮了一鍋小卷麵線，大約就用了兩斤小卷，而牆上一張張預定小卷的訂單，一張單就是一箱十八斤的小卷，但光是我們幾人就吃了兩斤，他還要湊足十六

斤，才有一箱。這就是討海人的生活。

一輩子除了當傘兵那兩年，洪船長都生活在小門，他家的門口，就是大海，對於海洋知識甚至善用海洋的資源，他們都有自成一格的邏輯。當然，那些邏輯是會改變的，有些事情可以有更進步的做法，有些事則是要設法找回已經失去的。

土魠魚是這幾年漁村重要的經濟命脈，洪船長就主張，漁網的深度，要放過準備下潛產卵的母魚，他說，三尾準備下蛋的土魠，大約就有四斤卵，讓魚產卵，之後才有更多的土魠可捕撈。像是洪船長這輩的捕魚人，經常有這樣的觀念。

有些事則是即將失去，但他們想要試圖找回，我們正在享用那鍋小卷米粉時，船長夫人拿出一淺碟，裝著狀似醬油的琥珀色液體，是透明、不及一公分長的土蝦製成的蝦露。

村裡原先的老師傅過世了，洪船長於是照著過去的方法，一層蝦一層鹽，醃製半年以上，然後煮滾消毒，製成蝦露。鹹勁夠味，但卻無半點腥羶的蝦露，應該是我嚐過類似調味料的最上乘之物。其他像是用蒸製（一般多用水煮）、三天日曬的火燒蝦，也是同類食材的味極之顛。

洪船長的家裡，滿屋妝點各種漁產的木雕，每一隻都是洪船長曾捕獲的漁獲，土魠魚、小

卷、石斑、鮸魚甚至還有每個漁者都討厭的成仔丁。經過細問，才知木雕的原料，都是洪船長撿拾自海中漂來的木頭。

又問，怎會有這樣的藝術創作想法，以及創作的技能。原來，小門漁夫從小就要學會釣補小卷的木蝦之製作，這些在水下栩栩如生誘引小卷的木蝦，要考慮月光、海色、潮汐、洋流等因素而製成。

木雕的技藝不是來自藝術創作的動機，技術養成也不是成就藝術家的路徑，而是來自於漁村捕撈小卷的技藝之必須，這些技藝的生命史，存有著環境與人如何互動的緊密關係。

那尾被雕刻的格外肥碩的鮸魚，應該是洪船長眼中，期待撈補的夢幻逸品……他們是這樣看待許多人眼中以為的藝術創作。

一人一尾炸大蝦——澎湖西嶼清心飲食店

名人加持一直不是我選擇店家的參考依據，特別是政治強人的光環，雖然讓不少餐廳增光，但追究食物的味道，才是覓食者應該做的事。因此，一般的狀況下，我不會特別喜歡造訪蔣經國民間友人開設的餐廳，如同許多名人加持的店，也從未真正撩撥起我的食慾。但澎湖西嶼的清心飲食店是特別的例外，只要到澎湖，一有機會跨越跨海大橋來到西嶼，我就一定得造訪清心飲食店。

清心的店面頗有特色，用了許多在地螺貝妝點，除此之外，它就是一棟外表相當不起眼，灰暗暗的水泥建築，如是十月之後來到西嶼，北風起，村落更形冷清，感官中最顯著的體驗，就是咻咻的風聲。但只要推開清心的大門，你一定會被店內熱絡的場景給驚嚇到，好像每個來到西嶼的人，都聚集到此吃飯。但近年來，清心遷移到新店，鄰近大馬路，新店採用簡潔的裝飾風格，有別於過去的傳統。

清心的崛起與蔣經國的造訪有關，但我從未仔細閱讀其中細節。清心光是食物就讓我傾心，澎湖馬公就有許多食材新鮮、價格公道的海鮮店，但清心在我心中卻有著特別的位置。即便清心價格調漲，永遠不落人後，我還是很願意租輛車，一路從馬公開車前來。

我喜歡清心的野生石蚵生吃。石蚵全台各地海岸都有，但它如同環境檢測器，海有多髒石蚵就受到同樣的污染，因此吃石蚵，還能生吃，環境條件必須允許。西嶼應該就有著令人放心的環境，因此小而飽滿的石蚵，最應當試試。

然而，來清心，不能錯過的就是限制一人一尾，且不能再追加點的炸大蝦。清心的炸大蝦的食材是約莫二十幾公分的野生大明蝦。西嶼的漁業重鎮外垵，夏天以捕撈小卷為主，冬天則依靠土魠魚，但是外垵也有幾艘專以補明蝦為對象的漁船，大明蝦是西嶼的在地特色魚產。清心的炸明蝦裹薄粉入油溫適當的油鍋，炸至六七分，不僅毫無油膩感，彈牙口感鮮甜滋味，已

經是習慣養殖白蝦的我們很難體會的感覺了。

臺灣人愛吃蝦，但也將蝦味的美好忘得最快，許多餐廳，愛用冷凍白蝦做成日式天婦羅，複蘸以柴魚味蘿蔔泥的日式醬汁。通常的狀況，那醬汁極為搶戲，加上那裹得過於厚重的麵衣，我有時都不知我是否真在吃蝦。莫怪乎日本一定級數的天婦羅店，總希望顧客能用各種的調味海鹽，才能襯托蝦的鮮甜。

清心的炸大蝦，謹遵數十年來的傳統，當臺灣本島柴魚風醬汁席捲各地時，遠在西嶼的清心就是不受影響，清心的炸大蝦只跟帶著一點甜味的醋汁配對，活蝦的甜味終而被引發到極致。成為我的澎湖美食拼圖中，最重要且關鍵的一塊。

近年來，澎湖的飲食文化添了許多觀光客喜歡的燒烤飲食，來自外地的運輸船，載來北方的秋刀魚與鮮魚，冷凍的臺灣豬肉與美國牛肉。不知那些食客有否想過，來到澎湖為何還要吃著來自臺灣的食物。於是，清心的炸大蝦，成為如我這樣的外人，試圖貼近澎湖在地飲食的橋樑之一。即便它是如此的不日常且不便宜。

另一種海味——馬公漁港麵店

澎湖海鮮多，在馬公街頭，即使是麵店，也多有小卷花枝等海鮮。我在澎湖工作時，早餐與中餐經常吃麵，特別是第一漁港邊的漁港麵。

漁港麵店就在臨海路港邊，目前的用途是遊艇碼頭，但前身是日治時期建造的現代化漁港，鄰近地區都還有冷凍廠與漁網店，過去的客人以漁民居多。聽說漁港麵店已歷三代經營，少說半世紀，我本抱著吃碗麵、燙份小管的期待，不料門一打開，被滿滿的人嚇到不說，店裡的食物，竟找不到一樣海裡來的東西。

店裡有兩桶不斷在高溫熬煮中的豬骨高湯，因此也讓滿

室都充滿著濃郁脂香，開店期間後臺的廚房裡，則有兩位女性忙著不斷的處理豬肉，而在滷味櫥中，除了豆干海帶與滷蛋，其餘都與豬有關，例如豬皮豬肝豬舌豬腸肝連，甚至還有較不常見的牙齦與豬肺，這些滷味，可搭配著麵、米粉或米粉麵等三種填飽肚子的主食。

在澎湖，漁港麵是種普遍的麵食類型，在澎湖西嶼、馬公北辰市場、湖西等地，我都吃過風格幾近雷同的麵店，且

店主多為外籍配偶。她們原來都曾在漁港麵店工作，上班時也如同在學藝，煮麵滷味都熟練後，倘若能有些資本，就自己開間小店，所賣之物，就跟漁港麵店幾乎雷同。

這碗鋪滿豬肉片的湯麵，湯頭濃郁，加上油蔥與青蔥，添香氣也平衡了油膩。讓人吃驚的是，切料上桌，老闆在每個盤裡都放了一大匙蒜泥，這未經稀釋、充滿嗆辣的滋味，豪邁十足，是漁人的滋味，但卻很合現下年輕人的口味。

有次我問了同桌從事討海工作的大哥，他已經吃了四十年。年輕時漁船返港卸了漁獲，天剛亮時，於是就近來麵店吃碗麵。現在漁獲交易改在第三漁港，但習慣改不了，捕撈丁香或者小管上岸後，還是往這個有點空盪的遊艇碼頭跑。一晚的勞動，一身的疲憊，最需要麵店裡，熱量高、可暖身的油湯來填補。

大哥說，澎湖人每餐都要吃魚也很會吃魚，吃魚可以強骨，但他又說吃肉可長肉，骨跟肉都要強壯，才有體力從事討海工作。漁港麵店，一屋子的豬肉，最適合給每天都在海上拼搏的人。沒有海鮮的漁港麵店，有著另一種海之味。

馬公漁港麵店，跟日本漁港食堂漁師料理標榜本港海鮮的型態不同，最初也不是要做我們這種觀光客的生意。我聽了大哥的話，看著他經年累月被海風吹襲的黝黑皮膚，倒有點打擾了漁人日常的愧疚。

但這碗麵，使我認識了澎湖討海人與食物的另一種關係，我也因此想著，在冬季北風吹起時，這熱騰騰的漁港麵，吃來一定更有滋味。

秋天吃土魠——澎湖馬公阿華餐廳

十一月初，澎湖常是刮起大風的日子，客人僅約旺季的三分之一。只有料櫥裡的海鮮食材還是樣樣生猛。秋天的澎湖，停車場上停滿了閒置休息中的巴士，用於海洋觀光體驗的平臺被拖回了岸邊。夏季時，整個群島格外躁動，引人的不只有觀光客，還有季節性勞工，我就曾在租車行認識一位來自鹿谷的青年。他利用製茶淡季，到澎湖打工幾個月，賺錢補貼家用，每月僅能得休兩日。在觀光季中，每個人幾乎都過著這樣的生活。

街頭上少了觀光客，店家也不怕沒生意，從秋天開始到隔年四月，是他們休養生息的時候，遇到的每個人都說，他們最喜歡這個時節的澎湖了。送走了約莫十一月上旬舉行的馬拉松比賽的外地客，秋冬的澎湖是澎湖人的澎湖。

我通常會在吃完飯後，步行到碼頭，總有兩三人在此釣魚，秋冬則多有十數位聚集，想必這也是可以休息的季節，才有的閒逸生活。秋天的海鮮最好，不要說秋蟹最肥，魚要過冬，也

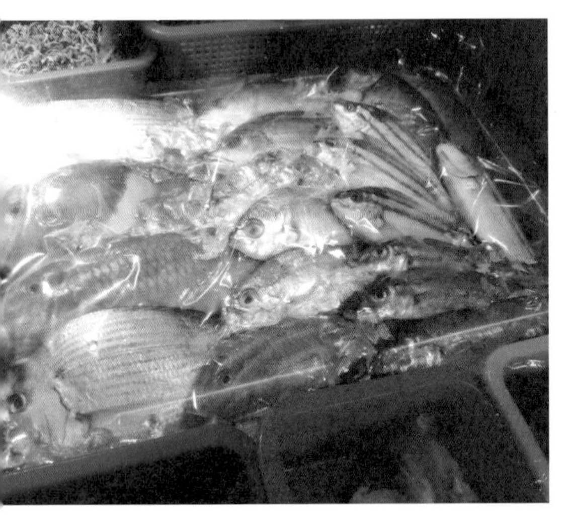

要多儲幾分油脂。於是對於我這種跟著味道走的旅人而言，澎湖的秋天遠比夏天精彩。

秋天的澎湖，常常吹起大風，自稱島民的我們，卻不知這就是秋天日常。澎湖的人少了，路上沒有夏日各式車輛呼嘯而過的聲響。本來應該坐滿觀光客的餐廳，現在成為進入休假期的澎湖在地人，閒聊小酌的地方。

阿華餐廳號稱無菜單料理餐廳，餐標從五百元開始，可視客人需求增加菜色，我曾在那裡吃到令人驚訝的土魠魚。秋天的澎湖最宜吃土魠與螃蟹。秋冬的魚市場或者北辰市場，一尾尾精幹肥碩的土魠魚，離岸上市。一年之中，品嚐土魠，就要把握秋天到隔年元宵的日子。

當日現撈的土魠魚，鮮度令人吃驚，每口都是生魚片等級，我因此在阿華餐廳第一次品嚐了別具風味的土魠生魚片。白身魚肉的土魠魚，肉質略帶白霧，

那是飽含脂肪的證明，強壯的土魠魚肉質是Q彈緊實的，耐嚼且肉質的甜味易發。

秋冬的澎湖土魠，如果是延繩釣現撈貨，常成為臺灣高級餐廳的頂級貨色，乾煎輪狀土魠上桌，有時要價一盤上千。而在澎湖，大小輪狀應有盡有，毫不稀奇，友人囑老闆煎了一塊土魠魚肚，才令我開了眼界。

原來澎湖運到臺灣的土魠，多半經過加工，輪狀切片真空包裝，魚肚不是主要商品，就留給在地享用，這就像是整個臺灣都幾乎只能吃進口紅蟳，而臺南海邊的漁民與釣客，卻能就近

品嚐野生肥蟹的道理一樣，不是萬物都靠錢可以解決。

那口土魠滋味如何？我已無法用言語形容，我是一路壓抑內心激動，慎重的逼迫自己味蕾緊肅，一段一段的品嚐，那香氣與肉質毫不遜於鮪魚大腹，直到被我一人吃完。

後來的菜色，一路讓人無法招架，土魠之後則是一盤狗蝦上桌，澎湖的狗蝦就是臺南的火燒蝦。臺南的火燒蝦近來由於產量銳減，甚至有店家，因為買不到火燒蝦，索性不開店營業。事態已是如此嚴重，但在澎湖卻是一盤個頭碩大的火燒蝦炒豆油糖口味上桌。

平常吃碗蝦仁飯，十餘尾火燒蝦，已夠讓蝦味滿溢整嘴。我在澎湖則是冒著膽固醇飆高的風險，欲罷不能，吃了近半盤。從此，火燒蝦不是偶而幾口的陌生好味道，而是成為衡量蝦味的明晰識別，成了對照

組，往後該如何吃蝦呢？

最後的最後，兩隻石蟳裝成整盤上桌，每隻個頭相當驚人，一對螯手大約巴掌長，肉質緊實，讓本就滋味豐滿的石蟳，更加美味。臺灣螃蟹從來不遜於進口貨，只是進口海蟹關稅日低，就連辦桌也都是來自不知名大海的冷凍螃蟹，肉質鮮度不及格，澎湖石蟳完勝所有。

一餐飯，吃到九點多，彷彿秋季的澎湖當令海鮮，都上桌報到了，友人直說「經常吃、沒什麼」，我內心則是一直說服自己，一趟飛機臺南來回兩千多，剛飛上去就準備降落了，很近，划算！可見美食是很容易讓人斷了理智線的。

火鍋店裡賣海鮮——澎湖馬公甲貳與小紅莓石頭火鍋

澎湖在地人光顧的海產店，總跟觀光客的選擇不同，他們不追逐那些昂貴的食材，當季新鮮才是首要原則，在這些餐廳吃飯，氣氛極佳，有時先是一桌人吃飯，然後，又遇到隔桌的熟人，一下子整個餐廳就像是熟人聚餐，熱鬧非凡。

我觀察過，他們最常用的理由就是「你是不是我同學？」此因澎湖人繼續升學者，最後一定會讀馬公高中與澎湖海事，於是年齡相仿者，經常是同屆或者前後屆者，況且同學的同學也是同學，我看許多澎湖人經常以同學之名，就跟前一分鐘還是陌生人的鄰桌客人熱絡了起來。

這些在地人常去的餐廳，通常為了在地人的需求而存在，才不管外地人的想法。例如一九八〇年代，臺灣曾經流行過一段時間的石頭火鍋，澎湖也有幾間在地人常去的石頭火鍋店，生意非常好，例如甲貳與小紅莓等。然而，這些火鍋店的海鮮，都很家常且道地，來客通常是又吃火鍋，再搭配幾道海鮮小炒。

我經常一個人在甲貳吃飯，她們的店小桌少，一個人坐兩人桌也不會有礙人做生意的感覺，就算我只點兩、三道菜，也不會被嫌棄。去甲貳，我每次都有一種外地人也不會被欺負的感覺。

我在甲貳的定番料理，通常是從一道涼菜開始，是珠螺或者是章魚，兩種食材拌點蒜頭醬油襯托出食材的鮮甜就很好吃。特別是章魚，經常被誤以為鬆軟是好貨，其實章魚要有彈牙口感，入口後軟硬適才是上品。

然後，高麗菜酸炒石老或半煎煮一尾鮮魚，再加上一碗海鮮麵，配上一瓶啤酒，每一道都不能脫離澎湖海鮮的主題。

我去小紅莓的經驗比較豐富。小紅莓石頭火鍋曾經是個連鎖系統，店名因此而得，老闆是將軍澳人，將軍澳是珊瑚漁業的重要點，老闆年輕時就到馬公來做生意，開了店之後，同鄉北上就喜歡聚在小紅莓。小紅莓是間俐落乾淨的店，石頭火鍋的鍋具，經常都被刷得油亮，但我最喜歡看他為了養活海鮮，布置的一整排水族箱，各式蝦蟹魚有活力的活著，這才是為何要到澎湖吃海鮮的道理。

我經常跟澎科大的林寶安教授前往，老闆見林教授現身總要拿出看家本領，已有澎湖味基本賞味能力的我，除了酸瓜、高麗菜酸煮各種魚，以及海菜餅，我特別喜歡他推薦的象魚干炒米粉，魚干的鹹香搭配米粉，有如澎湖海風的存在感，能讓人離開澎湖且跟著回家的味道，就是這一道菜了。

我每次去，老闆一聽我來自臺南，總要煮點火燒蝦給我吃，這實在是件挑釁的事，老闆應該知道臺南的火燒蝦經常缺貨，火燒蝦被澎湖人稱為狗蝦，有次我打開的大門，店員正在剝蝦殼，如一座小山一般的狗蝦！對比於臺南市場有時難尋的窘境，去澎湖吃火燒蝦，是為了洩恨。

近年來，臺南的火燒蝦市價騰高，說是貨源不足、說是消費量太多，致使擔仔麵、鍋燒意麵添加的蝦肉，因此改用白蝦，失去味道濃郁的火燒蝦，讓人感覺少一味。因此，如在市場看見有人販售火燒蝦，通常都會買個一盒，凍起來備用。

臺南情況如此，因此在澎湖看見宛如一座小山般的狗蝦，就

讓人心生要把臺南的空虛在澎湖填滿的想法。小紅莓的狗蝦個頭很大，看了讓人更羨慕了，那是因為用量大，供應商願意提供好貨。澎湖吃狗蝦，蒜炒狗蝦、酥炸狗蝦、清燙狗蝦，或者類似半煎煮的醬油糖口味也很讚。我不挑食，只要新鮮狗蝦，我都愛。

那天應該吃了兩盤狗蝦，同行者說盡了誇張的形容，什麼連麵衣都充滿蝦味這種話也說出來。一桌人就這樣認真吃蝦，吃得專注，吃得享受，吃得無暇說話，一桌的朋友彷彿都是陌生人。盤子堆滿蝦殼後，清掉，再吃。兩盤狗蝦一下就吃完。

我未曾在甲貳與小紅莓吃過火鍋，有時也不免好奇湯頭不知味道如何，但我的意志始終堅定，中間那個安置鍋具的空間，我經常一坐下，就請老闆幫我蓋起來，或者盡快點上一鍋海菜魚丸湯，趕緊把那爐口堵住。

火鍋店裡吃海鮮，常讓人覺得不思議。我跟去澎湖玩的朋友推薦，大家總是狐疑的看著我，或者，有時我看著店外遲疑許久的觀光客，都覺得有趣，只能夠對他們做出「這間店很讚」的表情。老闆，我盡力了，誘引觀光客到火鍋店裡吃海鮮，不是那麼容易的事。

「名不符實」的海產店——澎湖馬公大來川菜海鮮與新村小吃部

我有時因為澎湖的工作，一年大約要跑個五、六趟。馬公就宛如海鮮的花花世界，經常讓人迷路，任教澎科大的林教授卻一直定向清楚，而且極有開發新店的能力，有時工作結束，交代晚上集合地點，一聽又是不同的店，這種趣味，總讓人格外期待工作結束的夜晚。

有次，他約我的店，讓我也遲疑了，一到現場，宛如民居，那是百分之百絕不會有觀光客進來的店。簡單招牌上寫著大來川菜海鮮，吃川菜？心想今天不知又出何新招。

大來餐廳雖名為川菜海鮮餐廳，實則一道川菜也沒有，那是因為出身澎湖在地西嶼合界的老闆父親，早年在馬公的外省人開設的餐廳學藝，如自強小吃部等，習得川菜烹飪，五十年前，馬公稱得上餐廳格局的場所，絕少賣海鮮，上館子吃的，都是外省菜，學藝當然學外省菜，海鮮是日常吃的東西，何須上館子吃呢！

大來這店名保留下來了，但早已不賣川菜，老闆每天都在魚市場尋找實惠、當季的地產海鮮。某年夏天的那頓飯，紅螺珠螺生蚶赤嘴等螺貝類，以及澎湖特有的粗大米苔目，煮一鍋海鮮，非常令人滿足。而更讓人印象深刻的，是夏季盛產的小卷與梭子蟹。

小卷最好吃者，貴在當日現撈，其中約莫十二公分大小、未清「黑涅」者佳，只需要清燙，肉質鮮甜Q彈脆口，和入黑涅特有的海味，完美無暇。即使是一嘴黑，還是一尾接一尾。梭子蟹通常以大隻價為貴，但螃蟹的價值其實不在大小，蟹膏飽滿、肉質緊實才是重點，即使是小小一隻，符合上述條件依舊是上品，那天一盤梭子蟹，約莫二十隻，大家顧著講話，我則不管做客矜持，奮力吃蟹，殘餘蟹殼一下就堆成一座小山了。

川菜店裡吃海鮮，是新鮮體會，某年秋天，我在新村吃過的石蟳，讓人久久難忘。初秋，小卷產季快要結束，土魠只有零星幾尾上市，吃螃蟹是重點。我愛吃澎湖的螃蟹，尤其是石蟳為最。

平日我經常倡議決不能輕易接受全台螃蟹都變成萬里蟹，這是新北市文創出來的東西，若就效益，固然讓人佩服，但到了全臺觀光魚市都打著萬里蟹招牌的程度，那就不好了，如同我在苗栗山裡看到許多文旦，運到鎮上賣，就成為麻豆文旦。澎湖的三點仔、花蟹與石蟳，都沒有萬里的名字，好險，澎湖螃蟹沒有轉型也沒有被創生，行不改名，就是好吃。

三種螃蟹，我最愛石蟳，是窮學生時代精打細算的結果。向來，三種螃蟹最便宜者，為石蟳，最上乘

者，應是花蟹。不過，無論是三點蟹與花蟹，雖是殼薄肉鮮，味道最為高雅，但也經常遇到不夠飽滿、不夠緊實的狀態，只有蟹殼又硬又厚，食用時最是不便的石蟳，蟹肉品質最為穩定。秋天吃石蟳，是當年在臺北想吃螃蟹時，在臺北橋頭附近海鮮攤上最好的選擇。

《海錯圖》說「此石蟳也，狀與青蟳同，而螯端上黑下藍。不穴於沙土，而穴於海岩石隙間，故曰石蟳，如一姓而分其居者也。亦可食，但不似青蟳之廣，漁人偶得之耳。」好險，澎湖多得很，澎湖市場上更是成堆鮮活貨色任人挑選。寶安老師總是點了一大盤，我只顧著忘情啃食，鮮甜滋味與彈牙口感，冒著嘴皮被扎破的危險，蟹螯一隻一隻入口。一方面哀悼這些儲存飽滿準備迎接冬天的石蟳，一方面感謝上天的恩澤，在疫情緩緩解封的初秋，別忘了吃石蟳。

不過，新村最讓我吃驚的，是他們的甕仔雞。標榜來自七美的跑山雞，做成甕仔雞，成為新村的招牌，每桌必點，不用懷疑，沒有雞的那一桌一定是誤打誤撞的外地客，我看過件有趣的事，甕仔雞一隻一隻端上二樓，僅有一桌沒點的客人，狐疑的看著別人的雞，問著老闆這是怎麼一回事。

說起南方的島嶼，七美、望安與將軍等離島的離島，能孕育出象魚干、鹹瓜、高麗菜乾等在地特產，都跟烈日的催化有關，則七美的跑山雞，應該也是能耐高溫的好雞兒啊。果不其然，甕仔雞的肉質緊實、滋味甜美，我看一桌的澎湖朋友，就這樣冷落了海鮮，幾下就把這隻雞給下架了。不久之後，老闆再端上一鍋宛若燉飯的料理，原來是取甕仔雞的雞汁雞油，加上些許雞肉與筍子，跟著米飯，煮成了一鍋飯。一雞二吃，是新村小吃部，招牌的必點料理。

無論是大來或者新村，他們沒有想去迎合觀光客的需要，也很自信挑選魚貨的能力，甚至很喜歡跟熟客爭論那片海釣獲的土魠魚最好吃之類的問題。這樣的店，提醒我們在澎湖吃海鮮，一定要想辦法進入在地人的生活脈絡，才能有連當地人都認可的海鮮可吃。

細線探海，壽司裡的魚地圖——澎湖馬公味良壽司

我喜歡釣魚，澎湖馬公味良的老闆阿棋也是。一根釣竿一條細線往海裡探，期待大魚上鉤，看起來好像充滿機遇，但依憑著通常直徑不到〇·一公分的魚線回饋訊息，適應調整釣組釣餌釣層，如能達到最佳效果，竟可在看似無邊的茫茫大海中，釣取設定的魚種。願者上鉤的態度，不是熟稔在地海洋知識的釣者哲學，而是充滿對大海和魚性的解讀與對應的行

動。我是一年釣一次魚的不及格釣客，味良的店東阿棋卻為了釣魚而回澎湖。

阿棋是在臺南的香格里拉與大億麗緻等大飯店工作時，跟著師傅一起釣魚而愛上釣魚。十歲那年，就讀隘門國小的阿棋，離開母親的故鄉，到了臺南山裡的楠西國小就讀，因為他的父親在曾文水庫的活魚餐廳工作，經常用水庫的大頭鰱魚，烹煮砂鍋魚頭等食物。阿棋走上廚師的路，或許因為家學，但路數卻截然不同，壽司貴在突顯食材本身，而砂鍋魚頭，則要設法壓住水庫魚經常見的土味。

跟著師傅釣魚，進而熱愛釣魚，阿棋竟在六、七年前，轉職回澎湖，任職喜來登，只為了接近釣場。回到十歲之前養育他的澎湖，阿

棋的廚藝尚未養成，但他在釣魚中得到啟發，開始畫出心中的澎湖魚地圖。

他跟著釣友跑遍澎湖，探尋各種好魚，那不是僅止於釣到某種魚的目標，而是發現了哪一片海？什麼深度？那個季節？何種魚？風味最佳。阿棋說的釣魚，其實是找魚，找著適合放在板前的一貫壽司的材料。

他說冬天時龍門的尖梭，很肥大，而黃尾又勝於黑尾。東北季風吹起，馬公港口湧現追逐青鱗魚而至的白帶魚最美味。如果是夏天，香爐嶼的石蚵最佳，端午節時則是盤仔風味最好時，又例如石鯛則應選生產海膽的海域，特殊風味就由吃進的海膽而生。他也說北海魚勝於南海，因為北海多二十幾公尺的淺海，食物選擇多樣，魚的風味勝於深海。釣客阿棋成為板前阿棋，來自於這一段經由釣魚而畫出的澎湖魚地圖。

回澎湖一年後，阿棋決定開店，在北辰市場賣起生魚壽司，一開始生意不佳，於是早上開店下午釣魚，用釣魚賺取支付員工的薪水，這該說是好還是壞呢？味良在名聲響徹雲霄前，還要面對澎湖人認為魚就是貴在新鮮的價值，壽司店的魚，置放之後甚至熟成，風味都不同，對於新鮮的定義有不同。

阿棋的功課還沒做完，光是如何挑選魚，就花了很多學費。看眼睛看魚鰓？沒用，早就有人用浸泡藥水方法欺瞞，以為肥厚的魚肚，應是充滿油脂，未料開肚之後，才知大魚在上鉤前，飽餐一頓，大肚子裡裝了一堆下雜魚。當然，最後也知道了，在地人習慣用手觸魚，充滿黏液

或者沒有蒼蠅，才是識別新鮮的要訣。

在味良吃壽司，有時會吃到阿棋釣的魚，他是在尋魚過程中，摸熟食材精進廚藝，將澎湖海鮮端上桌。如同他發現土魠置放第一天與第二天的差異，含水量高的烏尾冬生魚片，如何去水，便宜的竹莢魚，不好處理，但季節對了，魚脂讓瘦柴的肉質瞬間提高價值，或者錢鰻用山椒煮，則有不同風味。

這段實驗過程，將所有澎湖人會吃的魚，都拿來做實驗，如同經常用於炒高麗菜酸的加志與青嘴，轉身一變成為生魚片，而高麗菜酸、酸瓜與花菜乾等澎湖味的基調，則也融入了味良的蒸煮料理中。味良的一餐，緊貼澎湖風土，但那是阿棋六、七年來，追尋故鄉的路。

那天一早，我在吹著大風的日子來到北辰市場，販售海鮮的攤位上，沒有土魠，心裡有點不安，沒了土魠，還能吃什麼？

帶著不安的心，提前造訪味良，果然，漁船沒出海，土魠自然也沒上岸。所幸，這一餐，是從回應冬天的寒冷開始，一道珠螺拌黃金泡菜的涼菜之後，用了三大把的蛤蜊，不加水只用清酒煮出的酒蒸蛤蜊，滿滿鮮甜的熱湯，讓身心做了迎接壽司的準備。

味良的夏天與冬天，出菜順序不同，寒天需要先暖胃，夏天熱食都壓在最後，酒蒸蛤蜊之後，四味涼菜其中包括用了琴酒與柚子酒醃製漬的大蛤。再來則是烤炙紅甘魚鰭，那個部位的烤魚，厚度勝於寬度，講求厚度才能讓彈牙與細緻的紅魽肉質效果更顯。

再來，壽司登場，澎湖海域出色的白身魚陸續上桌。白身魚的魚味馨香，佐以不同媒介誘引，隱隱的細緻，層次豐富到必須低頭閉眼專注品味。如同第一貫的真鯛，冬天肥嫩魚身，讓高雅的甜味更顯柔和，尾韻的香味則用柚子皮釣出，鰺魚則佐以紫蘇，龍占魚依靠兩道炙烤痕跡，帶出顯著的香氣，沒有回頭路的下一貫，用了昆布略醃二十分鐘的石班魚，一層層疊加之後，上半場最後用了軟絲灑上點檸檬皮。白身魚系列的策略清楚，就是盡可能的突顯材質本質上的細緻甜味。

下半場，就是一場猛烈的震盪了！除了秋刀魚之外，炙烤後的石斑魚鰭

邊肉，較之上一貫昆布石斑魚，更顯Q彈，令人印象深刻。再來就是日本青魽搭上柚子胡椒以及肥嫩的在地紅魽，乃至櫻桃木煙燻海鱺，連續三貫每一味都強烈著撞擊味蕾。其他尚有日本的牡丹蝦，岩手大船渡的牡蠣，乃至於北海道的干貝，收尾一定停在許多人都有共識的海膽。

我雖然沒有吃到土魠，甚至於夏天來時，明蝦、牡蠣與海膽也都有澎湖的當季貨，但我依舊相當欽佩阿棋的味覺體驗佈局，被他稱為沒有什麼資材的冬季裡，一齣壽司好戲還能從容上演。

阿棋的店，除了原來的市場小攤，另有一間八張板前座位的小店，問起開設新店有什麼改變，他還是說起可以跟釣友在此切磋，共同研究釣獲的魚，尋求嘗試最好的口味，壽司師傅的板前長桌，宛如通往大海的碼頭。

味良的一切，像是當初阿棋拿起釣竿時，就已決定。

冷凍蹄膀與炒滷味——金門金城集成餐廳

有時到金門工作，多半安排住在金城，生活機能方便是首要考慮。在金門旅行，多趁公務之外的時間，盡可能以步行為主。金城小巷中，民居別具風味，每次都有著初次探尋的趣味。金門的三餐，我的早餐常是廣東粥，但現在店家開始自稱為金門糜，其中永春是首選，一碗滾燙的糜配上燒餅油條，天天吃都不膩。中午經常在米香屋吃碗粥，配點大餅與餡餅等麵食。晚上的時間，幾乎都在集成餐廳解決一餐，坐在門旁的那張小桌，這樣吃飯也有六、七次的經驗了。

一九五〇年代開始做生意的金門金城集成餐廳，係以集天下美味之大成為名，菜色南北合，口味四方集。半世紀的老店，網路上評價不一，評價高者多半因其為記憶之味而無可取代，喜歡以貌取人的食客，則評價該店陳舊、衛生不佳。集成餐廳日常多為在地熟客居多，我有時平常日來，進出客人頗多，多是外帶鍋貼回家食用。

集成餐廳的店面很有古味，如同金城老街上的老廟與古鋪，那條街在夜幕低垂後，經常迅速的安靜下來，一個人的旅行，不需要喧囂，一個人喝酒，最適合在集成。

金門縣政府如此介紹集成：「來自不同省分的國民黨軍們，彼此間的飲食習慣不盡相同，對當地的飲食文化造成很大的轉變。因緣際會中，經由不同省分的師傅們教導各省傳統美食料理，再加上金門本地鮮材後，烹煮出最

道地的口味，不但大受歡迎，也讓國民黨軍們能夠再這裡一解故鄉情懷。因此『集天下美味之大成』的『集成』之名進而產生，現在的集成保留各省傳統風味後，結合金門地區料理方式，研製出最道地、美味的各式美食。」

我有時會點盤炒滷味，初次品嚐有點新鮮，滷味夠味何需再炒，後來覺得，外島冬天寒冷時，冰涼的滷味經過熱炒，加上蔥與辣椒，又是一盤很有生命力，很能暖和人心的料理，搭上一杯高粱，讓人幸福感油然而生。

我每每必點的菜色，為冷凍蹄膀。店家說冷凍蹄膀是由來自北方的外省老兵傳授，最初是紅燒豬腳冷卻後帶著豐厚膠質的常溫品嚐，應該有點類似北平醬肉，後來也曾加入飽含膠質的雞腳，二、三十年來，則是以豬皮與瘦肉為料，加入秘製滷汁熬煮而成，其醬色暗沉，但絕不死鹹，醬油入的不多，反而可嚐到微微的藥材與香菇味。

在臺灣，如肉凍般的冷凍蹄膀，上桌時，方塊堆疊，可說是細緻小食，是北方餐廳的尋常菜色。但在集成，肉凍之上，一把蒜頭撒上，冷凍蹄膀瞬間有了猛烈的戰地氣息，然後，再乾上一口高粱酒。唯有這嗆辣口感，讓人在這老兵凋零，大軍離去的今天，感受冷凍蹄膀凍結了的一九五〇年代。

老灶的香味——金門金城永寬鹹粿

臺南的飛機到金門，通常是午後，我會在卸下行李之後，找點東西吃，找杯咖啡喝，然後做點事。我的需求，金城都能滿足，特別是邱良功母節孝牌坊附近，那處是市場的所在，百業匯聚，我在金門時，幾乎每天早上七點就會在市場看東看西。

金門的午後，我通常會

想吃點蔥油餅，那處有間午後才做生意的小攤，那一團團發得膨脹油亮的麵糰，看起來就可口，金門馬祖等地的麵食通常不容小覷，麵香足筋道夠，平均水準高。基本功好的蔥油餅，有時根本不需再加蛋，或者一堆調味料，光是單吃個餅，就很讓人滿足。

邱良功母節孝牌坊旁，有間開了五代的鹹粿店，我最常在午後來覓食。店旁的熱粥，也是我最常吃早餐的地方。滾燙粥食讓吃飯節奏緩慢了下來，有更多的時間捕捉人的身影、感覺生活的氣息。最宜於我這樣只有一天旅程的人。

我喜歡這間只放著兩張小板凳、被人稱為永寬的鹹粿店，因為他們從炊粿到油炸，都還以柴燒大灶油。

經四小時炊製而成的永寬鹹粿，油炸後皮脆粿Q，香氣十足，些微的芋頭之外，無其他滋味，

純粹米香。這一店，只賣這一味，只有大小之分，五十與三十元之別。

一味之店能賣五代，自然有過人之處，堅持柴燒就是關鍵，他們認為柴燒溫度高，宜於讓炸物水分迅速散發，表皮略帶焦黃，這層脆皮也封鎖了油往內滲的機會。維持高溫是鹹粿美味的關鍵。

用高溫逼出水分成就香氣，有其整體一致性脈絡。我曾見著炊粿的老師傅，用刀把邊緣含水過多、口感不佳的部份刮除。甚至為了賦予鹹粿濃郁香氣，未用水分較足的蘿蔔，而選用香氣突出水分少的芋頭。這等讓一絲水分都不留的決絕，是我欣賞永寬鹹粿的理由。不過，這也為難了大灶，乾柴烈火下，老灶常壞，幾十年來，數次整修，填填補補，廚灶才能一用再用。

在這堆積待用薪柴的店裡，劈木砍柴的粗活是店裡日常。幾位男性就著柴燒高溫大灶，滾沸著翻騰於油海中的鹹粿，緊張激烈程度不遜於昔日戰地。午後的金門，最具昔日陽剛軍事氣息的地方，就在永寬鹹粿店。

家居廚房與日常餐桌——馬祖北竿橋仔

蝦皮丁香同一灶

這幾年，到馬祖，跟北竿橋仔的緣分最深。在那曾經吃過水蓮姐煮的家常味，仔細了解各種食材的來源與烹飪方法，各家私傳的無人島中的筆架與�螺，以及如何在約莫二十公尺的海裡，布置各種洄游性魚類的網具。

她談到捕撈蝦皮的故事，我聽得最入神，秋天後的蝦皮與春季的丁香，都是必須加工才能賣出的漁獲，進而牽動漁村整體的人力配置。馬祖在一九五〇年代起，每年約有兩千噸蝦皮的產能，是數一數二的重要產地。不過一九八〇年代初期，只剩下幾百噸。

丁香與蝦皮上岸後，必須搶時間，全家動員，煮熟以讓漁獲停止腐敗，之後，放在竹席上晒乾，汰除雜物，最後賣給來收購的商人。過程中的每個程序，水蓮阿姨都曾參與，她還曾去

幫來自臺灣的商人煮飯與洗衣服賺錢。

那些年，她十幾歲，正是蝦皮盛產的高峰期。這個有人講馬祖話、閩南話，甚至還有人說莆田話的村子，因此充滿生命力，人口達於鼎盛，兩個泊船澳口忙碌非常。水蓮阿姨說那時連煮完丁香與蝦皮的鹹汁，都是製作各種 ke 的好材料。大海的恩澤跟漁村的富庶，來自於所有的物盡其用。

我在北竿看到一箱蝦皮，但來自屏東東港。三十年來，橋仔已不再煮蝦皮，但我們找到許多廢棄的魚灶，不同時代、不同尺度，有的已頹圮、或者被覆蓋，但仔細看，都能發現原來的痕跡……。

那段蝦皮與丁香產業的過往，雖然漸漸被人們遺忘，但是，這些廢棄的魚灶還記得。

餐桌與冷凍庫

除了餐桌上的食物，馬祖家庭必備的冰箱與冷凍庫，更與馬祖餐桌息息相關。冰箱與冷凍庫的普遍，大約是四十年來的事，要能有電也要有錢，一旦兩種條件具備才能有冷凍庫。有了冰箱，食物於是有了有別於往的使用方式，跟生活之間的關係也隨之改變。今日在橋仔，使用中與廢棄了的冷凍庫與冰箱，徧布各地，宛如冷凍庫博物館。

冷凍庫產生的保鮮力，讓基隆運來北竿的豬肉，靠著兩輛菜車運到橋仔，每個家庭通常買了大量豬肉，然後，迅速分切包裝冷凍慢慢吃。漁村的飲食生活，因為冷凍庫，而成為可計算、可延續的形式，不再只是靠天吃飯。沒有冰箱與冷凍庫，萬般從海裡來的東西，不是成為醃製物，要不煮熟晒成乾。有了冷凍庫，即使魚丸與魚麵製了大批量，冰起來，也能慢慢吃。

有時白帶魚豐收，碼頭上岸價，小隻三斤一百元，大隻一斤七十元，非常便宜。隨意開了四個冷凍庫，看見不少白帶魚，至少都有十來斤。在臺灣嘉裕西服工作、退休後返馬二十年的黃媽媽，跟八十幾歲的先生生活，就將白帶魚處理成清肉，一小袋一小袋冰起來，許多年邁的夫妻，一餐吃一袋，加點麵過一餐。另一位捕魚的黃大哥，也能靠冷凍庫調節漁獲，避免魚賤傷魚。或者他們半夜出海，上岸後，也不必像年少時，急著賣掉，魚能冰一下，人能休息後，下午再運到塘岐賣。冷凍庫讓生活節奏不被魚腐敗的時間追著跑。

其他如麵包、饅頭、麵條、雞肉、甚至可冰的蔬菜，都被存放在冷凍庫，冷凍庫可說是凍結了漁村飲食生活的片段。

十幾年來，冷凍宅配興起，黃媽媽能將那袋帶魚清肉，寄給中壢的兒孫吃。許多馬祖人，住在臺灣的時間都比馬祖還長，但只吃得慣馬祖來的魚。冷凍庫的發明者，應該沒想到，食物保存也能保存記憶。

不能好聚好散

北竿橋仔碼頭停了幾艘小船，捕抓定置網漁獲的船隻，噸位甚至比一九五〇年代美援時的機動漁船還小。石頭岸壁鑿下幾個繫船鐵環生鏽了，已很久沒有綁牢返港的漁船。橋仔只剩兩戶漁家，一日兩趟依著潮水撈取洄游而來的海鮮，黃大哥的助手是一位外籍漁工。

橋仔曾是北竿漁撈與商販功能最暢旺的村子，除了來自福州周遭各縣的人，還有閩南與莆田的移民，利之所趨，眾生匯聚，來自各地的神明，比現居村民還多，橋仔的人口，已比戰地政務時期開始統計戶口時還少。那些在耆老口中說出的過往，一鍋又一鍋的蝦皮與丁香，驅動全村男女老少各自分工。

但那不是自由來去的時代，軍管限制了漁民馳騁於大海的能力。關於這座港的故事，出現在報紙中的，有則身陷迷霧、失去動力，但卻靠著觀察海象辨位，而未穿越兩岸的界線，船長因此而獲得稱頌的報導。那時確實有個案子，是關於北竿漁民到對岸做生意而被捕入獄，馬祖是冷戰的前哨戰。但，聽朋友說著那些餐桌上未曾少過的食材，便能了解報紙上不能說的，民間都有因應之道。

蝦皮終究開始少了，到臺灣賺錢最容易，臺灣經濟成長率上漲，馬祖人口持續外流，漁村人口少到沒有了觀察鯷魚習性而布置的鯷魚樹，少到沒有辦法組織大型圍網船，少到無法經營

釣取石狗公或石斑等高級漁獲的延繩釣。黃大哥的三張定置網，依潮水誘引黃魚、帶魚、小卷、肉鯽、白鯧等中游層的漁獲。其他底棲或表層的海鮮，他們其實也已很少吃。

現在去橋仔，如能待上一天，就會發現當遊覽車聲音從遠處傳來，橋仔小廣場旁的大家就會開始忙碌，只有一人照顧生意的餐廳阿姨，開始炸紅糟鰻、蒸老酒黃魚……然後，車走了，又平靜下來，然後，等待下一部遊覽車。這就是橋仔的日常生活。

餐廳的大姊趁著空檔用一碗飯，配一塊煮過的魚，我也看見一對老夫妻，用豬肉加上自家種植的瓜果

蔬菜煮了雜菜麵，一小鍋吃一餐。或在另一戶人家看見幾尾煎鯷魚，鹹香配飯過一餐。這就是橋仔的日常餐桌。

像我們這種旅人，飲食體驗多半發生於餐廳，餐廳裡的菜色，滿足觀光客的想像，也要有一定程度的刻板化，讓焦點產品更聚焦，形塑餐桌上的在地特色。通常餐廳裡一桌馬祖菜色的演示，要有紅糟、要有老酒、要有淡菜、要有黃魚。或者，有許多炸鯧魚、紅糟肉、紅糟鰻。我們在橋仔工作坊的第一天，就吃了滿滿一桌。

而那些滿溢腥鮮味的醃製物和魚露，以及最近盛產的四指寬白帶魚，不比肥厚的油帶，季節限定的鯷魚，在臺灣價格頗廉，都是充滿風險挑戰顧客底限的食物，餐廳上也較少見。

但那些帶魚卻還是要寄給臺灣的女兒，因為她只吃得慣馬祖海裡的海鮮。新鮮帶脂肪的剛離岸鯷魚，洄游了大海，彷若吸取了所有海味的精髓，或者醃製三年而成的鯷魚魚露，陳釀了最富層次的海的韻味。橋仔依舊是橋仔。

旅客來馬祖想吃什麼呢？或許緩緩來，如同始終只能等待魚兒游入的定置網。看看馬祖人們的日常生活，跟友善長者說說話，那些在電視上看到的西西里與馬爾他其實也就是如此。

煮了那桌盛宴的阿姨，後來拿出了醃製的小卷與苦螺，是那餐最無法忘記的滋味，而老人家中的那鍋雜菜麵，香氣到現在也還停留在我的記憶中。馬祖，不是好聚好散的地方，那裡的人與海島的食物，總是時刻召喚人。

秋冬每戶打魚丸——馬祖南竿魚丸

我經常去馬祖，一年平均五、六趟，由於跟馬祖的朋友相處投緣，因此每次約訪縱有萬般雜事，但總能湊出一、兩日的空檔。我在馬祖跟認識的人見面，常是不期而遇，在街上、在市場、在餐廳，都能遇上。有時知道我何時要走，在我到機場時，還特別拿了點東西給我，有的則是知道我何時來，遠遠就讓我看到在碼頭上等待。聽說小島的冬天很冷，但我在馬祖的朋友都很熱情。

在馬祖，我很喜歡用馬祖的習慣吃飯，例如喝碗魚丸湯，一定要加點白醋，我在臺南吃虱目魚丸湯，從未做過這種嘗試。喝碗加點醋的魚丸湯，是馬祖人的生活

日常，只要原料新鮮，太白粉比例合宜，加上一般水準的高湯，灑上點芹菜珠與胡椒，就是碗合格的魚丸湯。

步入秋天的馬祖，觀光客漸少，雖不至於冷，但也不像夏天炎熱，不用忙於照顧觀光客生意，許多人家有閒暇打魚丸，一次十幾斤，儲存在冷凍櫃中，因應各種需求。

在馬祖人的記憶裡，天冷打魚丸，魚肉才不會變質，用手工打魚丸很辛苦，魚丸也是年節才吃的珍品。在沒有冰箱、生活很辛苦的五十年前，魚丸不是日常食物，能有機會品嚐，都屬難得。

用了馬加、鮸魚或者鰻魚等材料，靠著絞肉機與攪拌機兩機協力，十幾斤魚肉，一小時就讓魚丸與魚麵各自成形。看著大姊們親自示範，甚至自己也試著參與其中環節，看見因著工具而改變的魚丸製程效率。這些只用了魚肉、鹽與太白粉的魚丸，味道純粹海味十足，如有差別，只在自家吃的比販售用的，少放了一點太白粉。

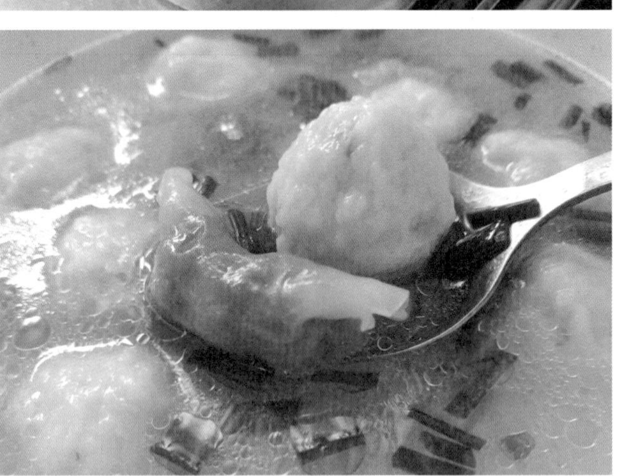

魚丸是島嶼食物少數製程較為繁複的食物，用手工打製的時代，大姊們都說雖然量少，但，要將魚肉打出筋道，很累，於是民敬軍軍愛民，我就聽說過，路過的阿兵哥，被拜託帶打幾分鐘，一顆魚丸也能軍民一心。

馬祖民俗文物館的前館長潘叔說，以前生活辛苦，在喜宴以及其他特殊的場合中，才有機會吃魚丸。魚丸又分大、小，大顆包著豬肉肉餡。通常喜宴的前幾道菜，就會有小顆魚丸湯，湯中還會有木耳、香菇、五花肉片、芹菜，最後用點醋提味。接續還會有太平燕、糖醋排骨、紅糟鰻魚等料理，最後則是甜湯收尾。

而在其中，包著豬肉肉餡的大顆福州丸，也是必定有的菜色。大顆魚丸不是小顆的放大版，由於這顆魚丸包著豬肉餡，那種脂味是日常難得的體驗，於是格外受期待，這顆魚丸也通常是要讓賓客帶著

回家，讓無法出席的家人也能品嚐喜宴中難得的美味，臺灣鄉下辦桌也常見如此的習慣，這是個很貼心的習俗。

不僅如此，包括太平燕裡的雞蛋以及紅糟鰻魚，都是馬祖喜宴中經常被帶回家的食物。在座的另一個朋友說，小時候出席喜宴時，被家人塞了一條乾淨手巾，回程她就用那包裹了三種食物讓家人也能品嚐。

潘叔說的魚丸，被放在馬祖的生活習俗中理解，那每顆依舊可以看見手感的魚丸，其實都是一道文化的刻痕，雪白魚丸的內裡，包裹著許多許多馬祖人的記憶，關於喜宴那天的美好。

魚丸的當代價值，除了滿足觀光客對於島嶼的想像，也確實跟福州魚丸的食物傳統有關聯，但，對於馬祖人而言，這些寄出的魚丸，牽繫著移民與原鄉的關係，有魚丸的地方，就是家。如果不是冷鏈運輸，移民無法在臺灣吃馬祖魚丸。

魚丸，這種從過去到現在都普遍存在的食物，最容易發現社會文化變遷的軌跡。不要輕易把因著時間積累而存在的事物，都放在與現代不相屬的時間語境中，視為不變的傳統。魚丸的現在與過去，是一部微縮的馬祖歷史。

日常餐桌——馬祖南竿清水儷賓餐廳

因為公務出差常到馬祖，多半跟博物館、文化資產等工作有關，通常行程來去匆匆，但會議間的餐飲，都不容小覷。

馬祖藝術島時，推出老酒風味餐的蝦寮食堂，是棟閩東風格的石造民居，位在機場附近的牛角村，如果吃完飯就要去搭機，可以說是交通便利的餐廳。在那處吃過幾次老酒入菜的料理，蒸黃魚或者蒸白蝦，或者比巴掌小的炸鯧魚，乃至於紅糟深醃的炸紅糟鰻，都相當夠水準。同在牛角的依嬤的店，十幾年前就曾去過，她的炸紅糟肉相當精采，深邃酒紅奪目的酒糟，餘韻緩和滲

入豬肉之中，完整浸入肉體，也收斂了五花過於肥膩的口感，貪取油炸香味者，切勿囫圇吞棗，那口紅糟肉是可以細品的。

除此之外，我最常去的是清水的儷儐餐廳，餐廳就在工作處附近，幾分鐘便能到，前往最為便利。儷儐餐廳裝潢平實，看似不起眼，卻是在地老饕首要推選的餐廳。餐廳位處的清水老街，街口門坊上還有國民黨黨徽，戰地餘風猶存，很有特色。

儷儐有些外島餐廳常見

的菜色，例如水餃或者炒滷味，或者軍方弟兄宴會時，愛吃的大魚大肉，糖醋與紅燒都是基本款，這些食物，馬祖很常見，金門也都有。我沒有吃過儷儐的炒飯炒麵，光是繼光餅夾蚵仔蛋或者炒魚麵，就讓人該有飽足感。如果要吃馬祖特色風味，試試老酒蛋，就能體會在地人所說的老酒滋補是何意。兩顆煎得邊緣微焦的荷包蛋，倒入老酒滾沸，起鍋後看似無奇，不過熱酒入口再吃口蛋，身體明顯感覺一股熱意竄入，你便體驗了馬祖人說的老酒補身子。

我多半會看看廚房地上，是否有新鮮的海鋼盔、海葵與佛手、藤壺、竹蟶，這些當日現採的海貨，都出於馬祖島嶼岸邊，不是每日俱備，海象許可，有人去採，儷儐就會有貨。這類螺貝類多半風味獨具，螺貝包覆的肉體雖不甚豐足，但卻都滋味十足，要能認識馬祖的海，就要來點佛手藤壺。這些海貨只需清燙，或者頂多清炒，最能顯其鮮甜。我到儷儐的第一件事，往往追問這些螺貝類今天有多少。

儷儐也有些季節限定的食物，比方說冬季時螺貝類的選擇就

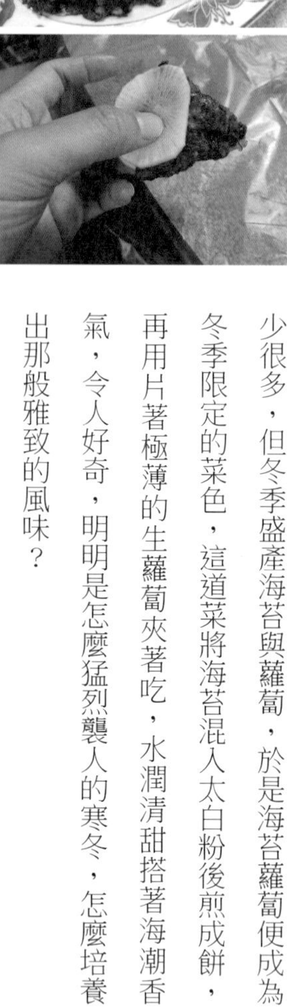

少很多，但冬季盛產海苔與蘿蔔，於是海苔蘿蔔便成為冬季限定的菜色，這道菜將海苔混入太白粉後煎成餅，再用片著極薄的生蘿蔔夾著吃，水潤清甜搭著海潮香氣，令人好奇，明明是怎麼猛烈襲人的寒冬，怎麼培養出那般雅致的風味？

儷儐吃飯，該用一鍋湯結尾，我經常猶豫該喝什麼好？燕餃魚丸與餛飩搭成一鍋最佳，臺灣吃不到的紅糟雞，滋補風味同樣誘人，而馬祖淡菜僅加上薑絲與蔥段，就能煮成濁白色的一鍋湯，就讓人知道淡菜的威力十足。如何選擇，要讓大家去煩惱了。

儷儐就像居家廚房，調味簡單平易近人，消費相當經濟，你若不是馬祖人，來到儷儐吃飯，大概就能感受馬祖日常餐桌的魅力了。

油漬淡菜——馬祖南竿西尾物產店

這幾年到馬祖，朋友們聊天的課題之一，多半不離知名品牌到馬祖展店後產生的效應，有次說了星巴克，也談過八方雲集，這都是近年來才開的新店。面對這些全臺遍布乃至跨國企業的大品牌，馬祖人的態度不一，有人不喜歡中央廚房標準而統一的味道，有人覺得星巴克氣氛很國際。

跨國性、外來的消費商品的介入，往往對本地危急的生活文化產生重大影響，如同曾經引起議論的蘭嶼開設 7-11 的問題，前次來馬祖，朋友也說臺灣的便當文化進入馬祖後，方便迅速的餐飲服務，改變了馬祖傳統飲

食在生活中的份量。

有次去看了一位九十幾歲的大工師傅，用傳統的方法，示範傳統建築工藝。看似熟悉的木作工具，基本邏輯與臺灣大同小異，如同丈量所有尺寸都要合魯班，這不僅是為長度標準化計量，更有著趨吉避凶的民間知識實踐的問題。不過，當然每種工具、技法，都有著屬於閩東文化的特色。

老師傅重出江湖機會難得，當然要努力的聽與看，但我始終關注著在廚房中的小孫女，她好像正在做些什麼。跟著爺奶一起生活的國二女生，把一顆一顆棉花糖泡進鮮奶中，之後加熱融化。她想做提拉米蘇跟同學一起分享，因此融化後的棉花糖，最終要跟馬斯卡邦起司融合，成為蛋糕中的慕斯。

她用著通訊軟體，聽著遠在臺灣的媽媽的指導，一個步驟接著一個步驟。我問了馬斯卡邦起司要從那裡來，她說可在 7-11 訂購。我後來問了小女孩，那慕斯完成後，蛋糕怎麼辦？她去買了 7-11 的巧克力蛋糕（哇，又是 7-11），挖掉中間的餡料，鋪上馬斯卡邦慕斯，外觀灑上糖粉，這樣就大功告成。我心想，啊！這是提拉米蘇嗎？

我們不也都用著不同的想像，來定義外來之物在我們心中的形貌嗎？對於這女孩、對於這女孩的媽媽而言，這當然是提拉米蘇。今日，大量的外來之物，各自依不同的想像出現在四鄉五島的土地上，我們該如何選擇？該如何論斷？似乎都無法不考慮不同行動者各自不同的生活需求，這顯然不是依憑簡單的理論指導，就能做出過於廉價的批評。

馬祖人有權利追求自己的生活，而那也不會只是一種朝外看的觀點，馬祖此刻正有許多年輕的創意，用許多地產食材，發展出根植於土地，經由重新的排列組合後的創新之物。

如同南竿的西尾半島物產店。看似一處面海的閩東老屋，但卻是讓人舒服帶點潮味的小店。可以在此喝到馬祖懿家小酒館開發，清香淡雅而後苦回甘的金銀花精釀啤酒，也可以品嚐添加高粱酒與老酒的巧克力。據說許多客人是為了限量咖哩飯而來。

西尾芙蓉澳是馬祖重要的淡菜產地，據說南風帶來大量浮游生物是主因，淡菜因此豐腴肥美，由物產店向海看，海裡的浮具繩索下方都養殖著淡菜。西尾半島物產店將淡菜，製成油漬口味，封於罐頭內。

我們多視罐頭為賤物，被打下

來的品項才製成罐頭，但在西班牙、葡萄牙等國，便宜多刺且保鮮不易的沙丁魚，油封成罐頭後，一經熟成，風味轉柔滑溫潤，腥味竟被去除，搭上香料、檸檬或者餅乾與麵包等，就是一道下酒菜。

封入初榨橄欖油的油漬淡菜也有類似的神效，新鮮淡菜肥嫩多肉滋味鮮猛，經常被聯繫上滋補的功效，但經罐頭轉化，不過是一夜的油漬，淡菜野性像是被馴服，味道更見深沉，餘韻更長了點。物產店的油漬淡菜組合，搭配繼光餅以及酸奶油與乳酪，都是存在感強的味道，相互的搭配，如同馬祖島嶼千岩競秀，精彩極了。

有老酒的地方就有馬祖人——馬祖老酒

馬祖吃飯餐餐都有酒，不是用於佐餐，要不就是入菜，人跟人的互動，常在幾杯好酒下肚後而熱絡起來，在馬祖喝酒，高粱與老酒是主流，喝啤酒的世代較為年輕。一位長輩告訴我，喝高粱與老酒能暖身補身，啤酒對筋骨不好，他跟太太，家中堆滿高粱，兩人對飲一年能喝掉十幾箱高粱，相當驚人。

政府經營的馬祖或東引酒廠生產的高粱酒，品質相當好，經常伴隨著在馬祖服

役的軍人，也是對抗冬日嚴寒的良方，酒精濃度高，口感香醇厚重的高粱，好像是充滿威嚴與管制的國家，充滿陽剛氣息。

關於老酒在日常生活裡的重要性，使得釀酒技術幾乎成了馬祖列島的「全民知識」。老酒之於漁民，有飲用無懼於寒風之用，老酒之於產婦，月子中的食物，經常以老酒為基礎，釀酒後所產之紅糟，更為馬祖日常飲食的重要素材。老酒更是新年儀式中，祀神、祭祖、款待親友不可或缺之物。老酒形成了生活習俗、社群連結與人際互動的文化樞紐。因此，老酒是屬於社會的酒，承載著人情。

曾經在馬祖廟宇元宵擺暝食福盛宴中，看見許多礦泉水瓶與各種酒瓶，內裝有微微紅色液體，是老酒。天天喝一瓶，瓶瓶味道不同，老酒是馬祖民間自釀的酒，風味自然也無所謂標準一事。

一瓶又一瓶的老酒，瓶瓶都是家的味道，誰家最好，是一道無法爭辯的問題。冬釀春熟的老酒釀造，涉及對氣候、溫度與水質等獨特自然知識的掌握，以及對於釀造材料辨識等的系統性知識，並須經由難以標準化且在特定人際網絡流傳的身體技藝，以及由福州話承載的釀酒口傳知識為其傳承特色，總被說為「祖上流傳」的老酒，這樣的酒，無法比較，我家最好。

糯米加上酒麴釀成的老酒，開罈後，有新酒的清新亮麗，剩餘的渣滓就是酒糟，也就是民間料理廣泛使用的紅糟。老酒與紅糟，關係馬祖日常甚多，形成馬祖味覺記憶中，很鮮明的一部份。舉凡，冬寒時溫熱老酒加薑可暖身，老酒蛋、老酒麵線、老酒黃魚都是。吸取了一季精華的酒糟，等待著與其他食物的再次結合，在馬祖，罈中之物，都能物盡其用。紅糟雞湯、紅糟鰻、紅糟排骨、紅糟炒飯、紅糟炒蘿蔔，主食配菜、海鮮山產都能入紅糟。

一九五〇年代，馬祖進入戰地政務體制，中興酒廠成立，酒之釀造與販售，另有專法管理，民間私釀，理論上違法，但實質上，衡情顧理，民間與官方，自然可

以找到讓老酒持續存在的方法。至少認識的人都說，取得紅糟從不是問題，那老酒就更不用說了。

晚近十年，地方政府承中央之令，還在開取締私酒的會，但與會者可能回家就喝自家釀的老酒，能在法理情中自由出入、互相找空間的馬祖人，實在厲害。不要以為國家有力量、法律是萬能，日常生活領域，如同游擊戰，看起來強大的一端，不見得都是獲勝的一方。如同在馬祖家戶牆角，至今依舊可普遍見得釀造老酒的陶甕。

老酒不老，從釀造到飲用，數月可成，但如同「相約十五暝」劇裡說，「老酒浸泡了記憶」，飲酒經驗成為世代傳承的集

體記憶，那麼說是「老」也就不為過了。

擺暝那幾日，許多馬祖人，在不到十度低溫裡，將溫熱老酒喝下，讓聚會增溫，一起話當年，然後用福州話共同喊著「好啊！利啊！發啊！」旁觀他人的歡愉，自己也能有相同的感受。讓人懷念的年節氣氛，要靠老酒召喚。

一九七〇年代起，馬祖人大量遷居到臺灣，尤其集中在新北與桃園。桃園八德的雜貨店內，還販售製作老酒的原料，移民到臺灣的馬祖人，依舊保有釀酒或者飲用老酒習慣，老酒是馬祖移民記憶原鄉的認同之味。有老酒的地方，就有馬祖人。

馬祖的市場之味——阿妹的鼎邊糊

馬祖行多半兩、三日，公務居多，所住之地大多以方便為主，因此去了超過十趟，那些海天一色的絕美民宿，從來沒有住過。住在連江縣政府所在的南竿山隴，生活機能最為方便，馬祖唯一的市場也在此處，一日三餐都有不同的選擇，住在此處最不需要麻煩馬祖的朋友。

第一次住山隴時，被縣政府前一片綠地給吸引，以為是公園，實則為菜園，每天一早都有人施肥澆水除草，海島要善用每片可耕作的地，那片縣政府前的菜園就是明證。

一般而言，只要是住在南竿，我就會到獅子市場吃早餐。獅子市場大概是目前馬祖唯一日常運作的市場，其他的島嶼或者依靠零星攤商，或者早就透過菜車的巡迴販售。唯有獅子市場，還有一、二十攤的商販，提供包括海鮮、雞豬、蔬菜、雜貨等不同的物資。

市場的節奏反映著馬祖的日常，我曾在接近冰點的寒冬，遇見了市場最為熱絡的時刻，為了準備打魚丸、製魚片或者準備封鰻，攤商堆滿了鰻魚、馬加、白帶、鱸魚或者鮸魚，每個客人都是幾千元滿進幾十斤的魚。嚴冬時節釀造老的酒以及製作的魚麵魚丸，是為了過年時所需。馬祖人總是將魚丸或者鮮魚，寄往移居新北與桃園的親友，馬祖旅臺居民始終相信只有故鄉那片海所撈捕的海鮮，才是最新鮮的，才是最夠味的。

遍巡海貨，了解大海給予馬祖的豐饒後，我通常到二樓的「阿妹的店」吃早餐，有時買點在地小吃代表—繼光餅或蠣餅。說起吃在馬祖，即使中食與晚餐有許多變化，但對於早餐，我獨鍾獅子市場二樓的「阿妹的店」的鼎邊糊。阿妹的店可說是馬祖名店，每天清晨開店

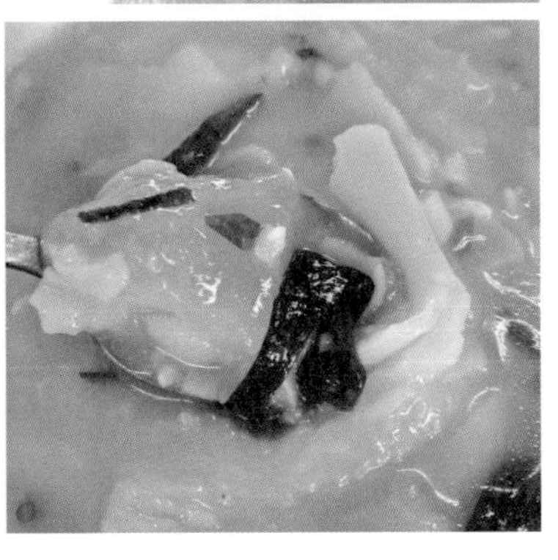

後，來客絡繹不絕，阿妹總能從容應對不疾不徐，微笑常掛臉上。

阿妹的店只賣燕餃湯、魚丸湯、米粉湯與鼎邊糊。大約魚丸是最清楚的對照組，相對於臺灣常用的虱目魚、旗魚與鯊魚製成魚丸，馬祖的魚丸多用鰻魚、白帶、馬加或者黃魚為用料，口感明顯細膩許多。

我通常會吃碗鼎邊糊，然後貪心的再點碗魚丸或者燕餃。阿妹的鼎邊糊很有特色，她先用豬骨、冬瓜、木耳與蛤蜊或者海瓜子熬成高湯。之後，阿妹將在來米漿繞上一圈在鐵鍋周圍，米漿略定型，將之摻入鍋內與高湯同煮，完成後再將木耳、冬瓜與海瓜子肉添入，當然更不缺少新鮮的時令海魚，通常是晾乾一夜略失水分的鯷魚白帶魚，最後灑上細蔥上桌。這碗鼎邊糊，加總了所有食材的色白濃湯，成為豐饒之海的化身，魚貝鮮味盡入，美味十足。

臺灣的鼎邊糊或者鼎邊銼，通常湯色清澈，金針豬肉木耳各色配料清楚，有細緻的感覺。但阿妹的鼎邊糊，下功夫在湯頭上，濃郁口感，足以應對馬祖的天寒，鼎邊糊在馬祖，一定要長成如此才合宜。

吃了幾年後，我聽從妹姐熱情的建議，轉吃在地人獨愛的米粉湯。我一直納悶，來客都吃鼎邊糊，那碗一直寫在菜單上的米粉湯，到底給誰吃。原來米粉湯才是在地人的最愛，同款高湯加入地瓜與粗米粉，湯頭甜味更勝一籌。此後，來到獅子市場的路程中，往往便開始尋思該吃什麼好？選擇困難又是人生另一個難題了。

我在馬祖跟認識的人見面，常是不期而遇，在街上、在市場、在餐廳，都能遇上。有時知道我何時要走，在我到機場時，還特別拿了點東西給我，有的則是知道我何時來，遠遠就讓我看到在碼頭上等待。小島的冬天很冷，但我在馬祖的朋友都很熱情，大概就如同阿妹鼎邊糊的滋味。

生活美學 012

坐南朝海
島嶼回味集

作　　者：謝仕淵
圖　　片：謝仕淵、洪綉雅
發 行 人：廖志峰
執行編輯：簡慧明
美術編輯：劉寶榮
法律顧問：邱賢德律師

出　　版：允晨文化實業股份有限公司
地　　址：台北市南京東路三段21號6樓
網　　址：http://www.asianculture.com.tw
e - mail：ycwh1982@gmail.com
服務電話：(02)2507-2606
傳真專線：(02)2507-4260
劃撥帳號：0554566-1

登 記 證：行政院新聞局局版臺字第2523號
印　　刷：中茂分色製版印刷事業股份有限公司
裝　　訂：聿成裝訂股份有限公司
初版日期：2023年1月

定價：新台幣380元
ISBN：978-626-96872-1-3

國家圖書館出版品預行編目資料

坐南朝海──島嶼回味集/謝仕淵著. -- 初版. --
臺北市：允晨文化實業股份有限公司, 2023.01
面；　公分. -- (生活美學；12)
ISBN 978-626-96872-1-3(平裝)
1.CST: 飲食 2.CST: 文集 3.CST: 旅遊文學

427.07　　　　111020884

Resonant Stories
of Food

Resonant Stories
of Food